现代化节水生态型灌区建设科技专著系列

高扬程灌区水土环境时空演变规律研究

徐存东　著

中国水利水电出版社
www.waterpub.com.cn
·北京·

内 容 提 要

本书通过分析西北高扬程灌区的土壤水盐时空分布特征，揭示了影响区域土壤盐渍化进程的主导因素，构建了区域水土环境演化变迁的多过程耦合模型，解析了田间土壤水盐运移对区域多尺度水资源时空分异的影响机理。本书主要内容包括绪论、研究区概况、灌区水-盐响应机制与动态预测、灌区水土环境脆弱性时空演化特征、灌区水土资源承载力变迁过程评估、灌区水土资源承载力时空演变分析与中长期预测等。

本书可作为灌区灌溉管理人员、水土资源管理人员和高等院校相关专业学生的学习参考用书，也可供从事灌区建设管理、水土资源保护、灌溉管理等工作的相关科研工作者参考。

图书在版编目（CIP）数据

高扬程灌区水土环境时空演变规律研究 / 徐存东著.
北京：中国水利水电出版社，2024. 11. -- （现代化节水生态型灌区建设科技专著系列）. -- ISBN 978-7-5226-2792-2

Ⅰ. X14
中国国家版本馆CIP数据核字第2024CN1390号

书　　名	现代化节水生态型灌区建设科技专著系列 **高扬程灌区水土环境时空演变规律研究** GAO YANGCHENG GUANQU SHUITU HUANJING SHIKONG YANBIAN GUILÜ YANJIU
作　　者	徐存东　著
出版发行	中国水利水电出版社 （北京市海淀区玉渊潭南路 1 号 D 座　100038） 网址：www. waterpub. com. cn E - mail：sales@mwr. gov. cn 电话：（010）68545888（营销中心）
经　　售	北京科水图书销售有限公司 电话：（010）68545874、63202643 全国各地新华书店和相关出版物销售网点
排　　版	中国水利水电出版社微机排版中心
印　　刷	天津嘉恒印务有限公司
规　　格	184mm×260mm　16 开本　11.75 印张　286 千字
版　　次	2024 年 11 月第 1 版　2024 年 11 月第 1 次印刷
定　　价	**60.00 元**

前言

　　我国西北干旱地区土地资源丰富，光热资源充足，但水资源严重匮乏，水土环境较脆弱。长期以来，西北地区水资源的极度短缺对区域内农业生产和生态环境造成了严重影响，水资源的供给状况成为区域生态系统演化和水土环境变迁的最重要影响因子。建设高扬程扬水灌区是当地人民为解决水资源短缺问题、改善农业生产条件而采取的重要举措。但是，随着灌区大规模的调水灌溉，原来的水土资源平衡状态被重构，区域的水土环境变迁过程与田间土壤的水热传输、土壤理化介质重组、土地利用方式变化、人类生产活动变迁、生态水文过程演化等多个过程相互耦合，并对灌区的水土环境演化产生了长期性、立体式的驱动及影响。

　　针对干旱扬水灌区水土环境的时空演化驱动机制问题，国内外学者围绕水盐时空分异、环境脆弱性和水土资源承载力等方面开展了大量的研究工作。本书在总结相关研究成果的基础上，以甘肃省景泰川电力提灌灌区为研究区，对灌区的水盐运移和水土环境演化开展了长序列的定位监测和模拟分析，对灌区的水盐分异和水土环境演化过程之间的耦合关系进行了模拟评估，揭示了干旱扬水灌区的水盐运移和水土环境演化的持续态势和发展规律。

　　全书主要围绕高扬程扬水灌区的水盐分异动态和水土环境时空演变分析两条主线展开。具体研究内容包括：①探明研究区的水盐要素时空分布特征，揭示区域土壤盐渍化的主导因素，探究盐渍化与地下水埋深间的偶联关系，对未来地下水埋深变化进行模拟预测；②从灌区的地下水动态特征、土壤特征、植被覆盖度以及土地利用类型的演变特征入手，通过遥感解译的方法将各指标栅格定量化描述，研究灌区不同时期的水土环境脆弱性演变特征；③紧扣灌区多尺度水土资源承载力时空分异过程及承载特征演变模式这一关键点，探明灌区水土资源承载力分异的多要素与多过程耦合机制，揭示宏观尺度的水土资源承载力时空变化规律，模拟预测灌区水土资源承载力未来情景下的演化态势及特征。

本书由浙江水利水电学院徐存东主笔，徐钰德、陈佳勃、丁廉营负责校稿。撰写过程中，甘肃省景泰川电力提灌水资源利用中心何玉琛、张茂林，甘肃省治沙研究所陈芳、利亚，华北水利水电大学王燕、孙艳伟、韩立炜、刘子金、王鑫、胡小萌等均提供了重要的参考资料，并相应提出了中肯的修改意见和建议，在此表达诚挚感谢。本书的完成和出版得到了"国家自然科学基金（51579102、51809094）""2019 年河南省高校创新团队项目（19IRTSTHN030）""中原科技创新领军人才支持计划（204200510048）""宁夏回族自治区水利科技专项""浙江省重大科技计划项目（2021C03019）""浙江省基础公益研究计划项目（LZJWD22E090001）"的资助。

由于干旱区高扬程灌区水盐分异和水土环境演化过程的研究涉及地理学、水文学、土壤学等多个学科知识，作者在编写过程中参考了许多文献资料，同时得到了诸多专家、教授的指导，他们对本书的编写提出了许多宝贵的意见和建议，在此一并表示衷心感谢！

因作者水平有限，加之经验不足，缺点和疏误在所难免，恳请读者批评指正。

作者

2024 年 5 月

目 录

第1章

绪　论

1.1　研究背景及意义

水资源是人类生存和发展的根基。我国是一个水资源短缺的国家，由于人口众多和农业发展迅速等原因，农业用水在总用水量中的比重依旧很同。据统计，我国全国总用水量的 60％以上为农业用水量。我国水资源总体分布情况为南多北少，时空分布不均，尤其是西北干旱地区缺水情况严重，人均水资源量低于国家平均水平，并且农业用水量占总用水量的比重更大，这种情况导致西北干旱地区农业用水严重不足，灌溉用水缺水问题日益严重。20 世纪末以来，全球气候变化以及局部的高强度人类生产活动在很短的时期内打破了自然界水土环境原有的生态平衡，致使部分区域的水土环境脆弱性发生了根本性的改变，局部地区的地下水状态和土地利用类型的变化导致一些地区出现了地下水质恶化、土壤盐碱化和土地荒漠化等一系列水土环境问题，使得这些地区的水土环境脆弱性不断增加，从而对地区农业耕地资源保护构成严重威胁，少数地区的土地生产力明显降低甚至丧失，严重影响了农业的可持续发展。

在我国西北地区制约农业发展的关键因素是干旱缺水，建造水利灌溉设施是帮助干旱区农业经济发展的重要手段。为了促进西北地区社会经济发展，改善该区域农业生产条件，我国于 20 世纪 50 年代开始在西北地区大力发展农业灌溉。然而灌区灌溉改变了区域水文循环过程，对区域内部水分和盐分的分布产生巨大影响，长时间粗放的灌溉模式打破了灌区原有的地下水运动态势和区域尺度的水盐均衡，导致区域水盐运移规律不断重组，地下水埋深不断减小，地下水矿化度持续升高，土壤受盐渍化破坏严重等环境问题出现，农业水土环境遭受不同程度破坏。内蒙古自治区阿拉善盟腰坝绿洲区域土壤盐渍化面积在 2009—2018 年增长了 3 倍，新疆维吾尔自治区典型绿洲区域也有大面积、重盐分的盐渍土分布，在河套灌区盐渍化土地面积已超过灌溉农田总面积的 50％，随着国家对引黄灌溉水量的限制，这种情况会更加突出。因此，开展大面积灌溉情况下的灌区水盐分异时空变化研究对区域水盐调控和响应国家可持续发展战略具有重要意义。

同时，我国西北干旱荒漠区土地资源丰富、光热条件充足，但水资源极度短缺成为控制区域生态系统演化和水土环境变迁最重要的因子，对区域内农业耕地资源安全和生态农业可持续发展造成了严重影响。为此，在全球气候变化以及高强度人类生产活动影响的大背景下，提水灌溉建立干旱荒漠区人工绿洲成为利用我国西北干旱荒漠区土地资源切实有效的方法。发展调水灌溉工程实际上是人为地为干旱荒漠区注入了最敏感的影响因子——水，水资源的外调注入改变了原生状态下土地资源的自然演化进程，并对灌区水土资源本底产生了长期性、立体式的驱动及影响，这种驱动的表征非常明显，而其演化的过程却是潜在而缓慢的。这种外调水资源与土地资源的耦合作用与交换过程伴随着水分相变、水热传输、土壤理化介质重组、土地利用方式演变、人类生产活动变迁、生态水文过程演化等多个过程。在微观尺度，土壤理化介质、水土势、基质势、水热交换、水盐运移等不断进行；在中观尺度，典型水文地质单元的地下水理化特性及空间分布格局也在不断演化；在宏观尺度，灌区水土资源受水土环境变迁、能量收支、光合同化、传导输送等多个物理和生化过程的耦合影响，随季节和年际在空间上呈规律性响应，各个过程是相互影响的非线性关系。这种多介质参与、多层次驱动的复杂过程使得灌区的水土资源演化过程及承载能力变迁处于一个复杂的系统中，其演化的态势具有一定的随机性和不确定性。长期以来，人们将发展的重点放在通过大力发展提水灌溉工程开发干旱地区宜耕而长期荒芜的土地，进而满足人口迅速增长的需求。通过大规模的引水灌溉，当地人民在取得突出生态效益、经济效益和社会效益的同时，也带来了一些区域的负面水土环境问题，特别是灌区由于大规模的灌溉引起的水盐运移、重组和聚集所导致的水土环境的演化变迁，而这种演化变迁只有通过长期的监测与分析才能掌握其特征和规律。我国西北干旱扬水灌区又有着独特的地形地貌和气候条件，不同水文地质单元在长期的灌溉条件下其水盐动态并不相同，其水土环境脆弱性演化的规律也各不相同。对于这样一个复杂的多变量耦合系统，如能构建一个既能够准确描述参与该系统的多过程耦合机制，又能够定量揭示各参与要素之间的交互影响程度，还可以实现动态预测的耦合模型，对于指导灌区进行精准的水土资源空间优化配置具有重要的现实意义。

近年来，学者们对区域尺度下的水土环境脆弱性、水资源与土地资源承载能力的研究日趋重视，主要围绕湿地、流域、湖泊以及山地等进行脆弱性评价，并开始逐步关注水资源与土地资源之间的耦合作用机制。随着灌区水盐动态变化引起的各种水土环境问题的凸显，人们已不再以一种单一的、功利性的传统方法来开发水土资源，而是从科学和绿色的角度，重新审视大面积的人工灌溉对干旱区水土环境所带来的问题，通过对区域水土环境脆弱性进行科学评价，因地制宜地对水土环境问题进行治理，提高水土资源的利用效率，已成为近年来工程技术界和学术界的研究热点。然而，由于灌区中长期监测数据不全或短缺，人们对这种提水灌溉引起的区域尺度水盐动态与水土环境在特定气候和地貌条件下的脆弱性演化的耦合关系研究还稍显不足，也缺乏针对灌区水土环境脆弱性的更为科学客观的评价方法和体系。水资源动态性与土地资源空间固定性的叠加强化了传统研究的不确定性及复杂性，致使现有研究的重点仍主要聚焦于对水资源与土地资源承载能力的单一探究中，对于水资源与土地资源两者的耦合作用机制及驱动机理的研究仍然不够充分，对于区域尺度下水土资源承载能力的时空演化过程以及动态耦合模拟的探索还不够系统。此外，针对水土资源承载力的研究目前主要以行政区域如省、市和县为评价单元，鲜有以栅格为单元的长序列水土资源承载力评价研究，而以栅格为评价单元使得评价单元更小，数据在空间层面上的可视化效果更明显。

甘肃省景泰川电力提灌灌区（以下简称"景电灌区"）是始建于20世纪60年代的一个典型的干旱荒漠区人工绿洲，灌区北邻腾格里沙漠，东临黄河，地理位置位于$103°20'\sim104°04'$E、$37°26'\sim38°41'$N之间，是甘肃、宁夏、内蒙古三省（自治区）交界地带。经过近50年的调水灌溉，已在腾格里沙漠南缘形成了一条东西长120km、南北宽30km的条带状人工绿洲，其已成为阻挡腾格里沙漠南移和防止该区域深度荒漠化的重要屏障。由黄河提灌至景泰地区的大量外来水资源从根本上改变了灌区农业生产条件，使得大量荒地变成了耕地。但由于多采取漫灌等不合理的灌溉方式，加之西北地区高蒸发、低降水的气候特征，灌区土地出现土壤盐渍化现象，部分耕地也向盐渍化土壤发展，这种现象随着提水灌溉规模的增加而越发严重，只有明晰这种发展的主导因素与趋势，才可以通过人为方式有针对性地对现有盐渍化土壤进行改良，减轻乃至消除灌区发生的次生盐渍化问题，保障生态环境持续向好，实现可持续发展。

　　经过50多年的运行，灌区地下水盐运移态势、土地利用类型、水土资源空间分布等环境因子的响应变迁已逐步显现。另外，由人工灌溉所引起的水盐运移和水土资源的变迁重组也逐步趋于稳定。截至2024年，由人工灌溉引起的水盐运移对区域水土环境的长期潜在和立体化的影响使得该区域成为研究干旱扬水灌区水盐运移对区域水土环境影响的典型实验区。同时，灌区内高蒸发、低降水、大温差的独特气候特征加之人工灌溉背景，使得区域内发生了剧烈的水土资源变迁及生态水文演化过程，该过程潜在而缓慢，并逐步趋于稳定。长期以来由于监测资料的缺失和评估体系的不完善，现有研究只是对区域水土环境正面效应和负面影响略有表面定性评价，对可能产生的更深层次影响及水土环境脆弱性的变迁过程并没有相关评估，受限于理论方法、技术手段及长序列数据的不完善性，这种演化过程及内在驱动机理的研究一直是相关理论研究的短板。随着遥感、地理信息系统技术、水生态与水环境学及土壤水盐运移模拟技术的日趋成熟，通过宏观与微观相结合的监测分析，全面系统地评估以明晰该区域水土环境的变迁与区域水盐运移的耦合关系，探索区域内水土环境变迁过程的驱动机理，揭示区域内水盐运移的态势和规律，对预防和治理当地由土壤盐渍化导致的水土资源退化问题，推动干旱区人工绿洲的可持续发展，维护我国西北地区的农业和环境安全具有重要意义。干旱荒漠区人工绿洲具有多要素驱动背景下水土资源耦合作用的复杂性、典型性和独特性，这为揭示人工提水灌溉与大尺度水土资源承载能力时空分异进程的耦合作用机制提供了良好的研究客体。

　　鉴于此，以景电灌区地理情况较为特殊的封闭型单元为研究区，通过现场试验、统计分析等手段，综合考虑灌区地下水埋深、土壤全盐量、地下水矿化度、地表灌溉水等因素，分析区域尺度水盐分异特征和区域水盐各要素时空变化规律，找出土壤盐渍化发展的主导因素，探究主导因素与土壤全盐量增长之间的数学关系，基于遥感解译和Visual MODFLOW软件建立数值模型，对研究区盐渍化发展进行模拟预测，为调控灌区水盐进程、改善灌区农业水土环境、促进灌区农业经济可持续发展提供理论支持和技术帮助。通过引入系统动力学原理、压力-状态-响应（pressure-state-response，PSR）模型、多级模糊理论，从系统论、控制论及信息论的角度综合分析灌区水土资源承载能力这一高阶次、多重反馈、复杂时变的系统问题。基于长序列监测数据、空间遥测数据及无人机航拍扫测等多技术融合的研究方法准确揭示灌区内水土资源承载能力对人工提水灌溉的响应机

制，探明人工绿洲多尺度的水土资源承载状态时空分异规律及驱动机理，对于丰富及推动灌区水土资源优化配置的理论研究具有重要的科学意义，也对推动灌区内传统农业生产模式向高质量农业生产模式转型具有重要的现实指导价值。

1.2 国内外研究现状

1.2.1 水盐时空分异及预测研究现状

土壤盐渍化是世界范围内大面积存在和广泛分布的世界性生态问题，是全球环境变化中的重要研究课题，受到越来越多国家的重视。中国一直是农业大国，而土壤盐渍化对农业发展有着极大影响，因此在新中国成立初期，我国就组织进行了盐渍土的调查研究工作，开展了多项盐渍土综合治理项目，形成了较为完整的研究框架。随着农业快速发展和全球气候变暖，盐渍化问题日趋严重，水盐动态规律及预测研究将会是我国未来盐渍土研究的主要方向。

1.2.1.1 水盐时空分布规律研究

盐随水走，土壤盐分分布既取决于自然地理条件和区域土壤母质，又受土地利用方式和人工灌溉等因素影响，其随时间变化和空间位置不同而发生时空变异，土壤水盐时空变异是区域水盐运移研究中的重要部分，它是研究土壤盐渍化发展和防治土壤盐渍化的基础。土壤时空分异特征能够直观地反映出土壤盐渍化程度、时空分布状况和发展趋势，探明土壤水盐时空分异特征，对土地合理利用和盐渍化改良具有重要意义。

国外有关土壤水盐特性的空间分布研究较多，Pandey et al.（2010）运用插值方法对土壤含水量随时间变化规律进行了研究；Bilal et al.（2007）提取了土壤的 pH 值、电导率等数据，对土耳其北部平原土壤化学性质空间分布特征进行了研究，发现土壤特性空间变化受到地下水埋深、灌排系统和地形等外部因素的影响；Tejedor et al.（2007）对不同壤质的土壤含盐量空间变化规律进行了比较，McLeod et al.（2009）研究了印度洋大海啸对土壤含盐量时空分异的影响。

我国早期的盐渍土研究多集中在盐渍土改良利用方面，而对土壤水盐时空分异规律的研究还较少。随着地统计学和空间信息系统的发展，许多专家学者对水盐运移时空变化进行了研究。刘广明 等（2012）使用地统计学方法研究了土壤盐分在新疆典型绿洲区中不同深度和不同空间方位的分布情况。徐英 等（2005）研究了河套平原不同灌溉时段水分、盐分的空间分布特征和变化趋势，找出了区域土壤盐碱化的主要影响因素。孙运朋 等（2013）通过农田试验，分析了滨海地区盐分在土壤垂直方向上的分布类型和各等级盐碱土在不同季节内的空间分布。胡顺军 等（2004）对土壤电导率在垦荒地中的空间变异性进行了研究。贡璐 等（2015）通过克里金插值发现阿拉尔垦区土壤水分、盐分由河岸向荒漠方向递减，而 pH 值表现出增加趋势。周在明 等（2010）对环渤海低平原区土壤盐分的空间变化趋势进行了研究，并获得了各级盐渍化土的空间分布情况。丁新原 等（2016）指出沙漠防护林土壤中的水分、盐分在灌水周期内呈现周期性变化，土壤水盐变化程度与距离滴头的远近成反比，为区域水土环境优化提供了技术支撑。杨正华 等

（2017）通过野外试验结合 Surfer 插值研究了土壤含水量对土壤盐分时空分布的影响，以及灌溉的不同时期盐分在不同深度土层中的积聚现象。莫治新 等（2017）研究了不同土壤表层对土壤水盐时空分布的影响。薛敏（2017）通过实验分析结合空间插值对农田盐分的时空分布进行了分析，为盐碱地改良提供了理论参考。徐存东 等（2020）引入遥感数据对土壤水盐要素进行空间分析，对区域尺度上水盐时空变化进行了可视化表述，为研究区域水盐发展提供了新途径。

1.2.1.2 土壤盐渍化发展预测研究

预测是根据掌握的现有数据，通过现代化的计算手段，找出事物发展的客观规律和本质联系，明晰未来的发展趋势，预先了解未来事物的发展结果，为制定发展策略提供科学依据。科学的预测已被广泛应用于土壤盐渍化的研究中，Douaoui et al.（2006）探究了土壤电导率与土壤盐分含量之间的关系，从而对土壤盐渍化危险度进行了预测。李凤全 等（2002）应用神经网络模型对土地盐碱化进行了敏感度评价，分析了土壤盐碱化的影响因素，对可能发生盐碱化的区域进行了预警，根据不同盐碱化风险程度在空间上进行了划分。汤洁 等（2006）研究了潜水水位对盐渍化的影响，找出警戒水位，对多年后土壤盐渍化的发生进行预警。史晓霞 等（2007）通过对土壤盐渍化过程及成因的研究，确定了盐渍土特征及影响因子，分别使用地理元胞自动机模型和径向基函数网络法构建了土壤盐渍化预报模型，对盐渍化土地的空间演变进行了预测。李建平 等（2006）将遥感影像和室外试验进行结合，预测了吉林省大安市土地利用格局，并以此为基础估算了未来 10 年大安市的盐碱化土地面积占比。姚荣江 等（2008）研究了不同深度土层的盐分含量，对土壤表层积盐的影响因素进行分析，利用多元回归分析预测法构建了黄河下游三角洲表层土壤含盐量预测方程。王秀妮 等（2010）运用马尔可夫链结合遥感制图构建了盐渍化土壤面积预测模型，发现银川平原土壤盐碱化受人为因素主导，整体呈现减轻趋势，局部呈现加重趋势。常晓敏（2019）对土壤全盐量进行主成分分析得出土壤盐分的主控因子，构建了土壤含盐量预测模型。

1.2.2 地下水模拟

1.2.2.1 地下水研究的发展

国外开展地下水研究远早于国内，发展至今经历了三个阶段：解析研究、物理模拟和数值模拟。达西在 1856 年提出达西定律，为定量研究地下水奠定了基础，开启了水文地质工作的全新时代。裘布依在达西定律的基础上提出裘布依假设，得出特定条件下稳定井流方程，对地下水水力学的发展起到了重要作用，但它主要适用于具有两个定水头边界的条件，没有超出稳定流理论。随着人类对水资源需求的提高，地下水开采量也不断增大，由此促进了非稳定流理论的诞生，1935 年泰斯提出第一个实用的地下水非稳定流公式，标志着非稳定流理论的问世，推动了地下水理论的发展。到 20 世纪 50—60 年代物理模型兴起，但由于其局限性，相似模型很快就代替了物理模型，成为研究区域尺度地下水系统的主要工具。从 20 世纪 60 年代开始，计算机被用于地下水研究中，得益于计算机技术的快速发展，地下水数值模拟技术也发生了巨大飞跃，相较于其他方法的局限性，数值模拟技术以自身多用途、多功能、高灵活性、高时效性和成本低廉等优势，迅速受到众多地下

水学者的青睐。

　　我国对地下水的研究起步较晚，20 世纪 50 年代末才开始水文地质资料的监测和收集工作，致使初期研究缺乏长时段的动态资料。到 70 年代后期，一些专家学者开始对地下水进行系统研究，随着计算机技术的发展和国外众多地下水数值模拟软件的引入，我国开启了地下水研究的飞速发展时期。截至 2024 年，我国地下水研究工作总体已达到国际先进水平，部分研究成果处于领先地位。

1.2.2.2　地下水模型分类及研究现状

　　地下水模型指对不同条件、不同区域范围的地下水系统进行分析和预测的数学或数值化工具，现已成为解决各种水文地质问题的重要工具，根据研究手段不同可分为三种：数学模型、物理模型和相似模型。

　　1. 数学模型

　　数学模型是以数学方法将地下水动态变化过程表示出来，代入相应的水文地质参数进行预测。数学模型分为纯粹数学分析计算的解析法和借助计算机求解数学模型的数值法。

　　（1）解析法。解析法就是直接采用数学方法建立一系列的公式分析计算地下水问题，根据地下水运动条件采用不同的地下水运动方程。地下水运动问题的解析法多以达西公式、裘布依稳定井流公式、泰斯非稳定井流公式为基础，具体见表 1.1。

表 1.1　　　　　　　　　　　　　地下水运动问题的解析法公式

公式名称	公 式 内 容
达西公式	$\begin{cases} Q=KI\omega \\ V=KI \end{cases}$ 式中：Q 为流量，m^3/s；K 为介质渗透系数，m/d；I 为水力梯度；ω 为过水断面面积，m^2；V 为渗流速度，m/s
裘布依稳定井流公式	承压水稳定井流公式：$S_w=H_0-H_w=\dfrac{Q}{2\pi T}\ln\dfrac{R}{r_w}$ 潜水稳定井流公式：$H_0^2-H_w^2=\dfrac{Q}{\pi K}\ln\dfrac{R}{r_w}$ 式中：S_w 为井中水位降深，m；H_0 为初始地下水位，m；H_w 为井中地下水位，m；Q 为抽水量，m^3；R 为水力影响半径，m；r_w 为井半径，m
泰斯非稳定井流公式	$$S=\dfrac{Q}{4\pi T}\int_u^\infty\dfrac{1}{y}e^{-y}dy=\dfrac{Q}{4\pi T}W(u)$$ $$u=\dfrac{r^2\mu^*}{4Tt}$$ 式中：S 为离钻井井轴 r 处的水位降深，m；Q 为水井抽水量，m^3；T 为含水层导水系数，m^2/d；μ^* 为含水层储水系数；t 为抽水延续时间，d

　　解析法目前主要被应用于不同地区和情景下的地下水环境评价及污染物发展预测方面。王志刚 等（2013）将解析法运用到地下水二级评价中，对灰场发生污染物质泄漏后的地下水污染和环境影响进行了预测和评价；杨晋（2019）运用解析法构建了地下污染物浓度分布模型对垃圾填埋场地下水中相关污染物的运移情况进行了预测评价；梅杰 等（2019）构建了一维扩散模型和二维扩散模型对污染物的污染面积和浓度变化进行了预测，

并与数值法预测结果进行了对比，为不同情况下预测方法的选择提供了参考；姜益善 等（2018）使用解析法预测了污水处理厂泄漏对地下水造成的重金属污染情况，对周围地下水环境影响作出了评价；楚敬龙 等（2014）使用解析法对冶铁项目可能产生的地下水环境影响进行了评价，获得了良好的效果。

（2）数值法。数值法就是运用计算机对地下水数学模型求数值解。最初由斯托曼于1956 年将数值模拟应用于水文地质研究中，后由华尔顿首次使用计算机进行水质模拟计算，形成了求解地下水问题的新途径。随着计算机技术的迅速发展，20 世纪 80 年代开始数值法被广泛应用于地下水研究的各个方面。Winter（1978）利用数值模拟对湖泊周围稳态三维地下水系统进行了研究。王爱国（1990）建立数值模拟模型分析了河北平原地下水问题。魏加华 等（2000）构建了山东省济宁市三维地下水模型，对地下水位变化进行了预测。吴吉春 等（2001）使用二维地下水模型预测了区域地下水流场的动态变化。Kim（2005）对各向异性含水层的地下水流动进行了研究，并探索了地下水抽运对地下水运动的影响。王丽亚 等（2009）运用 GMS 软件对北京平原区地下水流场趋势变化进行了分析，为地下水调控提供帮助。邵景力 等（2009）用 GMS 软件构建了三维地下水流数值模型，对华北平原地下水流运动规律进行了研究。王礼春（2010）利用 GMS 软件分析了天津市地下水系统均衡项。

此外，Blessent et al.（2011）建立了地下水流体运动和土壤溶质输移的耦合模型，研究了地表水和地下水之间的相互作用。侯嘉维（2016）利用 Visual MODFLOW 对马海盆地地下水的开采和补给进行了分析。束龙仓 等（2017）基于 MODFLOW 开源程序，将地质统计学与数值模型结合开发出 M－G 软件，解决了地下水数值模拟的不确定性影响模拟过程准确性的问题，获得了理想的结果。王灵敏 等（2020）使用 MODFLOW 软件对河南省许昌市采矿区域地下水水位进行了预测，对指导生产发展起到了有效作用。田辉（2020）构建了 SWAT－Visual MODFLOW 的耦合模型，对通肯河流域的地下水水量和水质进行了预测。陈莹（2019）、范远航（2020）、张强（2020）、任智丽（2020）运用 Visual MODFLOW 对地质参数进行率定和验证，建立了地下水数值模型，对区域地下水位变化情况进行了预测。截至 2024 年，地下水数值法主要是借助各类已经成熟的地下水模拟软件直接模拟或进行有针对性的二次开发。

2. 物理模型

物理模型将实际尺寸的水文地质条件缩减至实验室尺度，运用物理砂箱模型模拟各种地下水运动现象。1898 年菲利普第一次将地下水流现象在实验室中演示出来，对地下水运动规律进行研究。此后人们建立了不同形状、规模的物理装置用以模拟多孔介质中的水流运动。代锋刚 等（2018）建立了物理模型与数值模拟结合对山西潞安矿区的地下水运动进行了研究；戴云峰 等（2020）通过砂槽物理模型确定了海水入侵区含水层中不同埋深的渗透系数；张风芝 等（2019）运用 Visual MODFLOW 软件结合砂槽模型模拟研究了不同抽灌情景下的地下水位变化规律；张春艳 等（2019）建立裂隙网络-管道双重介质物理模型对裂隙水流运动中的水头损失进行了研究，探明了不同水文情境下的落水洞水位变化规律；赵良杰（2019）根据物理模型结果对模拟程序进行了修改，提高了地下水流模拟的精度。在现在很多研究中人们通常会将物理模型与数值模拟结合起来获取更高精度的

地下水模拟结果。

3. 相似模型

相似模型是根据地下水流运动与其他物理系统之间的相似性，利用易于构建和掌握的一种系统去模拟和研究地下水的运动规律，在区域尺度上主要应用黏滞流体模型和电模拟模型两种技术。

黏滞流体模型利用两平行板之间的黏滞流体运动来模拟二维地下水流，利用纳维斯托克斯方程结合垂向流条件的裘布依假设，可导出平均流速 V_m 的方程，与达西定律联立，可得到模型渗透系数 K_m 的求解公式，即

$$\left.\begin{aligned} V_m &= -\frac{b^2 \rho_m g}{12\mu_m}\frac{dh}{dx} \\ V &= KI \end{aligned}\right\} \rightarrow K_m = \frac{b^2 \rho_m g}{12\mu_m} \qquad (1.1)$$

式中：μ_m 为模型流体黏滞度，Pa·s；ρ_m 为模型流体密度，kg/m³；b 为两平行薄板间的距离，m；g 为重力加速度，m/s²；dh/dx 为水力梯度；V 为渗透流速，m/s；K 为渗透系数，m/s；I 为水力坡度。

在使用时通过改变流体密度和黏滞度求得所需渗透系数。该模型已被应用于一系列渗漏、排水和海水入侵等问题的研究。

电模拟模型是将欧姆定律和达西定律相互对照［式（1.2）］，找到水流运动与电流运动之间规律的相似性，以此进行地下水运动模拟。电阻-电容模型过程如图1.1所示。

$$\begin{cases} \text{欧姆定律：} & I = -\sigma\frac{dV}{dx} \\ \text{达西定律：} & q = -K\frac{dh}{dx} \end{cases} \qquad (1.2)$$

式中：I 为电流强度，A；σ 为电导率，S/m；dV/dx 为电压梯度。

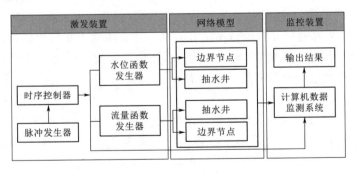

图1.1 电阻-电容模型过程

使用时把地下水流场中的物理量与电场中的物理量相对应，将模型中测定的电位、电流等数据进行换算，可得出渗流区内水头或流量。

电模拟模型根据其仪器设备不同可分为由导电液体或导电纸等组成的连续电模型和由电阻、电容组成的离散电模型。前者主要用于地下水稳定运动模拟试验，后者主要用于模拟地下水非稳定运动模拟试验。其中离散电模型又分为由电阻网络组成的电阻-电阻型以及电阻和电容共同组成的电阻-电容型。电模拟模型通过使用电容解决了模拟中水文地质

随时间变化的问题，应用较为广泛的是电阻-电容模型。谢建飞利用电阻-电容模型预测了内蒙古某矿场含水层中的地下水运动。梁干华用电模拟研究了北大渠不同抽水方案中地下水动态，为盐碱改良区制定合理排灌方案提供了技术支持。

在众多地下水模拟方法中，解析法限制较大，只适用于含水层较为简单或经过简化后的情形，在实际应用中存在困难，得到的结果也有较大的误差；物理模拟和相似模拟需要复杂的专门设备，物理模拟还会花费更多物质成本、时间成本，两者在修正参数时都十分不便；数值法相较于解析法更加灵活，更适合复杂多变的地下水模拟需要，与物理模拟和相似模拟相比，数值法在计算机上进行运算，修改各方面参数都十分便捷，针对不同的问题只需要整理好数据，就可以迅速构建计算程序进行运算，是现今较为流行的地下水模拟方法。

通过上述国内外研究进展，可知国内外专家学者开始重视土壤盐渍化方面的预测研究，目前多集中于土壤盐分在垂直方向上的空间分布研究，关于区域尺度上的水盐时空分布和土壤盐渍化的发展预测研究还较少，而且地下水数值模拟技术完善，给本书预测提供了技术支持。

1.2.3 水土环境脆弱性

1.2.3.1 水土环境脆弱性内涵特征分析

水土环境生态系统是一个由社会和自然相耦合的复杂生态系统。区域内独特的地形地质、气候条件和生物种类共同构成了生态系统，水土环境脆弱性又涉及土壤学科、地质学科、环境学科和生态学科等多个学科，因此在生态环境脆弱性的内涵认识上也存在分歧。赵珂等（2004）认为关于生态环境脆弱性的主要表现是生态环境在受到外界干扰后偏离原本发展良好的生态程度，从而导致系统内部出现不稳定性。赵桂久（1996）认为生态环境脆弱性是生态系统在独特的时空尺度下，受到外界因素的干扰时所具备的一定范围的敏感性和恢复力，它是生态系统在受外界因素干扰下所具备的一种能自我感知和恢复的特有属性。徐广才等（2009）对于生态环境脆弱性的认识主要包含三个方面：暴露度、敏感性和适应性。虽然关于生态环境的脆弱性学术界还没有一个统一的概念，但是被广大学者所接受的主要有两个方面：一是由环境系统自身决定的、不受人为活动所影响的内部脆弱性；二是人类的不当活动导致水土资源的过度使用，从而引起水土环境系统内部平衡被破坏所导致的脆弱性，如草原荒漠化、沙漠化、土壤盐碱化等问题。

在不同的发展时期，土地利用类型自然也不同，土地覆被的变化也不断改变着水土环境系统原来的演变规律和特征，这种改变打破了水土环境系统原有的物质、功能以及结构，从而导致水土环境系统内部脆弱性增加、稳定性变差、自身恢复力减弱等。水土环境脆弱性是一个相对于时间和空间的概念，是在特定时期人为因素和自然因素共同作用的结果，其发展成因、演变特征和脆弱程度都是在特定的时空尺度下，水土环境相对于外界影响所表现出的生态响应，当环境倾向于恶化的方向发展时，则应视为脆弱，当水土环境的承受力和恢复力低于外界干扰程度时，则会显现环境脆弱性症状。

水土环境脆弱性评价是在土地覆被变化的基础上，综合考虑地质地形、气候气象、植被覆盖和人类活动等因子，科学分析水土环境脆弱性的成因及其随时空变化规律，为今后的环境保护提供科学的认识和指导。

1.2.3.2　水土环境脆弱性评价特征分析

1. 水土环境脆弱性具有动态性

区域内的水土环境脆弱性随着地区的土地利用、覆被变化以及人类活动而呈现一种时空尺度下的动态特征，区域内某一环境因子的变化、人类活动的强弱以及社会发展的程度都会对环境脆弱性造成影响，导致环境从不脆弱发展为相对脆弱再到脆弱等。

2. 水土环境脆弱性具有相对性

水土环境脆弱性是相对的。水土环境脆弱性受多个因素影响，每个因素对人类活动及经济发展的响应程度都不同。区域水土环境的众多影响因素都是在不断发展变化的，因此水土环境脆弱性也是处于相对变化的。

3. 水土环境脆弱性具有调控性

影响水土环境安全的因素分为自然和人为因素，自然因素为内因，人为因素为外因。近现代人类的高强度活动导致水土环境问题突出，水土环境自身具有一定的自我调节能力，能够部分减轻人类活动对其环境系统内部的功能破坏。然而，环境本身的调控能力毕竟有限，出现环境问题仍需要人为进行调控。

4. 水土环境脆弱性具有长期性

区域水土环境脆弱性是一个潜在演变而后突变显现的过程，水土环境问题一旦形成，则会严重影响人类的生产和生活，也会对经济社会发展造成长期的不良影响，西北干旱地区常见的水土环境问题主要有沙尘暴、河流的污染、土壤盐碱化以及水土流失等。区域水土环境系统内的各因子在时空变化上是处于不断变化的，水土环境问题的凸显可通过长期监测其影响因子来预警，因此要坚持长远规划和可持续发展理念科学治理水土环境问题，从而实现区域水土资源的可持续利用。

1.2.3.3　水土环境脆弱性评价区域特征

不同区域其水土环境脆弱性的表现特征和演变规律不尽相同，不同区域影响水土环境脆弱性的指标因子也存在差异，因此应基于不同的评价对象和标准对区域水土环境的脆弱性进行评价研究，并基于区域水土环境的主要问题选取适宜的评价指标，其对区域水土环境问题的评价结果更加客观和合理。

1. 国内方面

陈美球 等（2003）通过选取地质类型、土壤结构、气候条件、植被覆盖、地形地貌、水文循环等 6 个影响因子，基于层次分析法对鄱阳湖区生态环境脆弱性进行综合评价。徐庆勇 等（2011）以珠江三角洲为研究区，结果表明影响该地区生态环境脆弱性的主要因子为土地利用类型、污染严重、暴雨频率高和海拔低等。韦晶 等（2015）认为三江源地区生态环境脆弱性加剧是由其本身的脆弱性和人类活动影响两方面共同作用的结果。蔡海生 等（2009）针对江西省域生态环境脆弱性从社会经济发展、水土流失现象、森林覆盖率、河流水质、环境治理、人口压力增长、生态建设加强以及生物多样性遭到威胁等方面进行了具体的分析和研究。张龙生 等（2013）从植被覆盖度、干旱的气候条件、人口不断增长的压力以及资源的过度开采等方面对甘肃省生态环境脆弱性进行了评价和分析。雷波（2013）从海拔、地形地貌以及土地覆被等方面利用空间主成分分析法对黄土高坡延河流域生态环境脆弱性进行了评价。Huang et al.（2010）以生态流域为基本评价单元，采用 K-M 聚类法和 GIS 技术对台湾省七家湾流域的脆弱性进行分级，为区域生态治理、修复以及相关政策的实施提供参考。Yang et al.（2015）以湖南省丽水河源流域为研究区，考虑人为活动、地形地貌、气候特征和地质环境等方面的因素，应用空间插值理论和FMA 方法对该流域进行水土环境脆弱性评价，结果表明将 GIS 技术与 FMA 方法结合能更好地评价丽水河源流域水土环境脆弱性和分析其主要影响因子。

2. 国外方面

Lamsal et al.（2017）从气候变化的角度出发，通过采集尼泊尔的海拔、地形地貌以及区域土地利用类型等信息，研究了森林和湿地生态系统脆弱性对气候变化的响应影响。Preston et al.（2011）提出在全球气候变化的背景下评价生态系统脆弱性主要有四个问题：一是为什么要对生态系统进行评价——明确评价对象和评价因子，以及评价对象对评价因子的响应程度；二是如何建立针对生态系统脆弱性的评价体系——针对生态系统的问题综合考虑影响生态环境脆弱性的潜在因素，影响因子对系统脆弱性的贡献是怎么从时间、空间和多尺度维度上表现出来的；三是如何选取适合的评价方法——一个区域的生态环境脆弱性评价的往往是多个因子、多个方面，如何将这些因子整合到一起，怎么判断其响应关系的强弱；四是评价的价值取向——在对生态系统进行评价后，怎么将评价结果应用到实际的经济社会发展中去。Kienberger et al.（2013）提出关于生态系统脆弱性在时间和空间变异方面存在的挑战可以通过建立适应性和弹性来解决，其认为在评价过程中尺度效应是研究生态系统脆弱性的关键之处，对于研究对象与空间、时间和尺度之间的关系，应通过现有成熟的方法将其反映在三维的空间体系中，针对生态系统脆弱性评价的主流应该是空间分析研究，基于时空尺度的框架提出"脆弱性立方体"概念。Yang et al.（2017）引入生态环境脆弱性评价理念，将矿区的修复和治理与生态环境脆弱性评价相结合，以典型矿区为研究区域，采用 GIS、RS 和空间插值理论分析矿区生态环境脆弱性特征，结果表明研究区域地表岩石的过高暴露度以及敏感性是加剧矿区环境脆弱性的重要诱因，在评价结果的基础上对不同区域采取不同治理措施，同时为当地管理人员提高脆弱性矿区生态环境保护提供宝贵建议。Manfré（2013）分别基于三种研究模型对巴西圣保罗州的水土环境脆弱性进行分析评价：第一种为基于坡度且包含土地覆被、降雨量和高程等因素的生态环境脆弱性模型（SCEM）；第二种为基于地貌变量缓解率的环境脆弱性模型（RDRM）；第三种为基于行政区划的生态环境脆弱性模型（EFM），根据模型评价结果绘制出研究区生态环境脆弱性分区图，为生态环境的治理和修复提供有益参考。Salvati et al.（2013）以意大利 20 个行政区为研究区，通过 ArcGIS 软件的统计分析功能对研究区的土地资源潜在的退化原因、土地内部系统脆弱性演变规律和特征等进行空间异质性评价。Tran et al.（2002）以大西洋中部地区为研究区，考虑地形地貌、土地覆盖、空气污染、河流污染、道路、人口等影响要素，应用模糊综合法结合层次分析法对研究区水土环境脆弱性进行评估。Girard et al.（2014）从人类活动、气候变化和环境适应能力等方面对南美农业水土环境系统脆弱性进行分析，结果表明气候变化是该区域水土环境的脆弱性增加的主要原因，同时当地干旱的气候条件是南美洲农业压力激增的主要影响因素。

国外针对生态环境脆弱性的评价从全球气候变化的角度进行分析，研究生态环境对气候变化的响应，关于水土环境脆弱性评价的方法主要有层次分析法和模糊综合决策法结合、

K－M 聚类分析方法和 GIS 技术结合、GIS 空间插值方法、模糊综合评价法和 3S 技术方法等。对以往学者的研究成果进行总结，关于生态环境脆弱性评价的特征可分为以下几类：

(1) 环境系统本身的脆弱性较高。不少研究区域位于较低或较高海拔地区，气候条件较差、地质灾害频发或植被覆盖度较低，在这些影响因子的综合作用下，直接或间接地对生态环境系统脆弱性造成影响。

(2) 环境系统自身恢复能力较差。生态系统是一个动态平衡的系统，往往存在潜在脆弱性，系统一旦受到强烈的外界干扰破坏，而自身的抗干扰能力又较低时，生态系统自我恢复力丧失，生态环境在短时期内迅速恶化，而对生态环境的修复和治理又是一个极为漫长过程。

(3) 人为活动。经济社会的发展以及人口的增加导致资源利用率超过生态系统荷载能力时，环境极易出现土地退化和水资源污染等问题，生态环境脆弱性增加。

1.2.3.4 水土环境脆弱性评价方法

选取合适的评价方法对水土环境脆弱性评价结果的准确性至关重要。随着对生态环境脆弱性评价的深入研究，目前国内外常用的研究方法主要有主成分分析法、层次分析法、熵权法、综合指数法、景观生态学等。生态环境脆弱性评价方法在不同地区的应用见表 1.2。

表 1.2　　　　　　　生态环境脆弱性评价方法在不同地区的应用

评 价 方 法	评 价 区 域	研 究 者
主成分分析法	三江源地区	黄维友
	毕节岩溶区	类延忠
	石羊河流域	韦莉
层次分析法	黄河上游洪泛湿地	夏热帕提·阿不来提
	川西北江河源区	邵怀勇
	岷江上游流域	杨斌
熵权法	黄河三角洲湿地	张露凝
	黑河中游	潘竟虎
综合指数法	乌鲁木齐市	孙凌云
	昆明市主城区	吕利军

综上可知，在以上几种评价方法中，应用较广泛的当属主成分分析法和层次分析法。主成分分析法相较于其他方法的优点是可以对原指标进行适当变换，使各个指标相互独立，消除指标间由于相互联系而带来的影响；其缺点是在选取指标时首先要保证前几个主成分指标的累计贡献率达到相对较高的水平，要能够使这些提取的主成分有符合实际意义的解释，其解释含义往往带有模糊性和不确定性。而层次分析法将研究对象比作一个系统，根据综合、对比和分解的理念对研究问题进行层次化，每一层的指标权重都会影响最后的研究目标，且每个因素对研究目标都是一种量化的影响，将定量方法和定性思想结合起来，使得复杂的问题简单化、层次化和清晰化，计算过程也较易掌握；其缺点是在定性问题定量化转化过程中，专家打分时容易产生离散性和不确定性，存在一定的主观性。

综合以上分析，本书中水土环境脆弱性评价选取层次分析法，通过引入李德毅院士提出的云理论，克服层次分析法在指标定量化过程中的随机性和不确定性，将专家打分时引起的个人经验性和主观性通过云参数进行刻画表征，构建基于云理论改进层次分析法的灌区水土环境脆弱性评价模型。

1.2.3.5 水土环境脆弱性评价单元

水土环境脆弱性评价的数据载体为评价单元，水土环境评价结果的科学性和准确性在某种程度上依赖于评价单元大小的选择，因而在评价区域水土环境脆弱性时，评价单元的选择较为关键，综合考察研究区域的实际情况，根据所采集的研究数据和研究目的进行评价单元的选取。根据以往的国内外水土环境脆弱性评价的相关研究，评价单元的选取主要有以下三类：以栅格数据为评价单元、以生态系统为评价单元以及以行政区划为评价单元。

1. 以栅格数据为评价单元

以栅格数据为评价单元是根据研究区域的面积，将区域划分为一定数量的栅格，每个栅格作为水土环境脆弱性评价体系中的指标数据依托载体和脆弱性评价的最小单元。通过 ArcGIS、ENVI 等软件平台进行栅格划分，再利用 GIS 技术和 RS 技术获取每个栅格单元的指标数值，例如土地利用类型、植被覆盖度以及坡度坡向等。以栅格数据为评价单元的优点是指标数据的空间特征更加强烈、评价的结果更加准确。

2. 以生态系统为评价单元

目前生态系统脆弱性是一个内涵很广泛的概念，其评价对象可以是农田、草地、流域以及城市等，其优点是针对某一独立的生态系统进行研究，更有导向性，也更加深入；其缺点是针对独立的生态环境系统并不能很好地分析其在整个生态系统之间的耦合作用和相互关系，一个生态系统往往并非一个独立封闭的空间，从单一方面研究很难从整体上把握其系统内部之间的发展规律。

3. 以行政区划为评价单元

近年来对省域、市域、县域尺度的生态环境脆弱性评价日益增多，主要是由于这些区域的统计年鉴数据更易采集，以行政区划为单元评价研究区域的生态环境脆弱性现状，其研究结果有利于各行政单位有针对性地对脆弱区域采取治理和修复措施。

1.2.3.6 水土环境脆弱性评价发展趋势

通过对以往学者的研究成果进行梳理发现，在对生态环境脆弱性评价方面，大部分研究学者往往是以某个独立的区域为研究对象，虽然在研究过程中学者们所构建的评价体系和选取的指标有所不同，但随着生态环境脆弱性研究的不断深入，评价结果的科学性逐步提升。

1. 研究思路更加系统化

应用 GIS 和 RS 技术使得属性数据或图形数据具有很强的立体性和可视化，数据获取也更加准确和方便。这些数据包括土地利用变化、植被覆盖度、地形地貌、社会经济、地质特征、土壤类型、水文条件、气候变化等，这些指标的可获取性为生态环境脆弱性评价提供了最基础的数据支撑。以人为活动和自然因素两个方面为切入点，综合选取影响因子，探析水土环境演变与人类活动强度之间的耦合关系，为水土资源的可持续发展提供有益指导。

2. 指标数据的时空动态性进一步突出

近年来，随着 3S 技术的广泛应用，其空间分析、模型构建、数据获取、数据分析、平台展示等方面的功能越发强大，为水土环境脆弱性的动态评价提供了有力的技术支撑。将 3S 技术与传统研究方法相融合，可实现统计数据的空间可视化处理，构建区域尺度上

集环境脆弱性评价、预测以及预警的一体化评价模型将是以后生态环境脆弱性评价的发展方向之一。

　　3. 研究结果更具有实践价值

水土环境脆弱性评价的目的是为水土资源的开发利用以及社会经济的稳定发展提供有益指导，所以通过评价结果进行水土资源的管理调控是研究环境脆弱性的最终落脚点。结合水土环境脆弱性评价结果对研究区域合理分区，针对不同的脆弱度等级采取不同的治理和修复措施，为优化区域水土资源、构建区域治理机制提供科技支撑。

1.2.4　水土资源承载力研究

新中国成立以来，粮食供需关系在不断变化，整体表现出由基本平衡向丰年有余的转变，粮食主产区持续向缺水与生态脆弱性更为敏感的北方地区转移。而水土资源配置程度低和水资源短缺是北方地区，尤其是西北干旱荒漠区农业生产发展重要的限制因素。如何准确揭示水资源、土地资源对于生态、农业、人类生产等活动的响应关系，成为探究当今水土资源实现生产需求与生态平衡双赢机制的重要研究课题。

"承载力"一词源于生态学领域，随着经济社会快速发展，资源和环境问题日益突出，该词开始在资源环境领域得以运用。其近现代发展主要经历三个阶段，分别为萌生阶段、演进阶段以及完善阶段，其对应的阶段划分及相应内涵见表1.3。"现代水土资源管理新思想"作为一个区域水土资源承载能力提升的指导思想，其主旨在于指导水土资源利用方式由粗放式向高效型转变，增强水土资源对经济社会可持续发展的支撑能力。而要实现水土资源的可持续利用、水土资源的空间优化配置就必须进行水土资源承载力研究。但受限于水资源的动态性与土地资源的空间固定性，二者之间的综合作用与影响机制一直是现有相关研究中的短板。因此，现有针对水土资源承载力的研究仍主要聚焦于对水资源与土地资源承载能力的单一探究中，对水资源与土地资源耦合作用机制及驱动机理的研究仍然不够充分。

表1.3　　　　　　　　　　　承载力内涵演变过程及其核心思想

发展阶段	阶段特征	主　题	计算方程	代表学者
萌生阶段	提出了区域环境生态容纳的概念	人类社会发展过程与环境资源的限制关系	人口增长的逻辑斯蒂方程	IrmiSeid
		人口数量增加与资源有限约束的矛盾特征	进化论观点	Seidi
演进阶段	进一步强调生态资源与社会生产之间的发展平衡	生态环境、区域资源与人类社会发展之间均衡状态的分析	双逻辑斯蒂增长方程	Harris
完善阶段	区域资源承载力概念的提出	强调人类社会文明发展过程中，生产力演进、生产关系更迭对于资源消耗的重要性	系统综合理论	Hardin

1.2.4.1　水资源承载力研究

日本最早提出了关于水资源承载力的概念并将其用于表征国家经济发展约束。此后，水资源逐渐与各国家、地区或者流域的可持续发展挂钩，其主题主要包括水资源生态安全、水资源供给能力安全、水资源生态涵养安全以及水资源永续发展安全等。国外水资源承载力研究仍主要隶属于资源承载与区域发展的子课题，并侧重于政策调控方面。Falkemark et al. （1992）将水资源与社会经济问题相关联，探讨了社会经济持续发展与水资源承载力的响应机制，分析了水资源承载力的影响因素。Joardar（1998）分别从可供水量和水资源供需平衡机制方面对城市发展过程中水资源的承载力变化影响进行了分析。Rijisberman et al. （2000）从农业水资源发展的角度，分析了水资源承载力与农业作物生产量之间的关联性，并对两者之间的供需关系进行了分析及预测。Naimi et al. （2014）从水资源对人口承载能力的角度分析了阿尔及利亚首都阿尔及尔城市水资源与人类生产活动之间关联性。Yang et al. （2015）从系统动力学分析的角度对未来不同来水情境下铁岭市水资源承载能力进行了分析预测。Motoshita et al. （2020）从单一区域背景下的淡水水资源承载力耗度值对全球范围下的淡水水资源供给可持续性进行了评估。

国内关于水资源承载力研究与国外相比起步较晚，新疆水资源软科学课题组最早在国内开展水资源承载力研究。姚治君 等 （2002）在对以往区域尺度下水资源承载力进行系统概述的基础上，对水资源承载力的概念以及内涵进行了系统阐述。门宝辉 等 （2002）基于物元分析模型对关中地区的地下水资源承载力及开发潜力进行了综合评价。姜秋香 等 （2011）以三江平原的水资源为研究对象，基于粒子群优化算法的投影寻踪评价模型对三江平原内各水资源单元的承载能力进行了评价。杨亚锋 等 （2021）为解决传统水资源承载能力评价方法中存在的对静态数据过度依赖的弊端，通过信息融合的方式构建了一种融合信息演化的水资源承载评价模型，并对安徽省合肥市 2009—2019 年的水资源承载能力进行了评价。

现阶段，随着水资源脆弱性、安全性、资源匮乏性等方面问题的逐渐显现，水资源承载力预警成为国内外学者关注的焦点，并开始从水资源优化配置、水循环转化及水资源可持续化等多角度探讨构建水资源承载力预警系统机制，以应对未来情景下的世界性水资源危机。

1.2.4.2 土地资源承载力研究

美国学者 Allen 最早提出有关土地资源承载力的概念，将其定义为在一定的生产条件下土地资源在安全状态所能供给的人口上限。此后，随着人类生产活动加剧、土地资源短缺等问题的突出，人地供需矛盾被进一步激化，如何实现人类生产活动与人地资源开发利用之间协调配置逐渐成为研究热点。到 20 世纪 90 年代，随着遥感技术的飞速发展，部分学者将遥感技术与现场实测数据进行耦合分析，对区域尺度的土地资源承载能力进行了系统分析及评价。截至 2024 年，基于遥感技术的空间分析方法仍是大尺度土地资源承载能力监测分析的重要手段。进入 21 世纪后，随着理论体系与技术手段的不断发展，土地资源承载力在研究方法和研究领域方面都有所拓展。Vogeler et al. （2016）通过建立区域尺度下土地资源利用与管理变化的信息化联系模型对新西兰土地资源的承载能力与牧草季节性关系进行了分析评估。Williams et al. （2017）将人口增长模型与土地资源对粮食的供应模型相结合，综合构建了一种用于量化分析土地利用变化与人口承载支撑能力的分析模型。Jayanthi et al. （2020）应用多标准决策的分层分析方法从土地类型、水源水质、土壤特征和基础设施可用性四个大类对土地资源承载特性进行了系统分析。

国内对土地资源承载力的研究主要聚焦于以人粮关系为主题的土地资源生产潜力测算，在 1988 年第一次提出了土地资源承载力的概念。此后，部分学者在此基础上，进一步从土地产能、结构利用等视角对水土资源承载力进行了丰富与补充。进入 21 世纪后，随着对土地资源承载力研究的不断深入，王书华 等（2001）对土地资源承载力这一概念重新进行了概述，并构建了一套适用于东部沿海地区土地资源承载力的评价模型。杨东等（2010）以甘肃省张掖市甘州区为例，基于生产潜力模型建立了一套可适用于绿洲农区土地资源承载力评价系统与评价体系，并从光-温-水及自然生产潜力的角度对研究区的土地资源承载能力及生产潜力进行了评价。刘东 等（2011）以我国粮食生产发展过程特点为依据，以人-粮关系为前提，从分县尺度对我国的土地资源承载时空格局进行了系统分析，并从国家尺度上揭示了我国土地资源与人粮关系的供需矛盾。全江涛 等（2020）集成粮食生产波动指数模型、土地资源承载指数模型、土地资源限制度模型和灰色预测模型，以 ArcGIS 为技术平台，对河南省土地资源承载力的时空演变过程进行了系统的分析及预测，得出了河南省土地资源承载力由平衡向富裕转化的演变趋势。

由此可见，现有关于土地资源承载力研究已取得较为丰硕的成果，相关研究更多倾向于从人粮供需平衡关系、区域资源优化配置以及土地资源动态仿真等方面的研究，且已涵盖了乡镇、县市、省、国家、洲、全球等多个不同层面。但对于多要素、多维度的土地资源承载能力统筹学综合研究及土地资源发展规模、利用的空间协调性、用地支撑力、生态支撑力等方面仍需进一步深入研究。

1.2.4.3　水土资源承载力内涵特征及其系统特性

水资源与土地资源是现代社会生产活动的基石，作为自然资源的集合体，水资源对土地资源表现出明显的约束性，而土地资源同时也反作用于水资源并对其表现出胁迫作用，二者之间存在极为复杂的耦合作用。如要充分且客观地反映某一区域的资源承载能力及承载状态，就必须将二者进行耦合分析。

虽然已有研究对水土资源承载力的定义有一定的出入，但其本质仍主要集中为自然资源统一体对社会生产能力响应机制的揭示，且集中体现在四个方面：一是包含自然资源可持续发展的特征性，随着人类生产活动的加剧，水土资源对其响应过程也在不断发生变迁，对资源过度利用的破坏性与负担性被定义为水土资源承载力的负面效应，需将这种破坏效应置于可持续发展战略框架下进行约束，并以此为准则，实现生态环境良性循环；二是水土资源承载力的时空内涵，这反映在某一区域不同时空背景下水土资源承载能力的结构特性、组成特性及空间特性均有差异性且在空间上密切相关；三是水土资源承载力的不确定性，水土资源承载涉及自然、生态、环境、经济、人类生产等多个领域，系统内部不同驱动要素均表征出明显的模糊性与不确定性，使得水土资源承载力这个大的系统同样具有典型的不确定性；四是水土资源承载力的可控性。对某一区域水土资源承载能力的评判受到自然生态环境中的物质结构及多驱动要素的约束，同时人类自身认知能力（如理论分析方法、计算技术、分析模型等）、社会经济发展水平会对水土资源承载力评定造成影响。在此基础上，其主体研究内容又可进一步划分为：

（1）水土资源之间平衡关系研究。

（2）水土资源结构与生产结构的关系研究。

（3）水土资源承载驱动要素的内部平衡关系研究。

（4）人类生产需求与水土资源供给能力之间的平衡机制研究。

由此可见，水土资源承载力是一个受自然气候、水文地质、水土环境及人类活动综合作用的复合系统，其内伴随着能量流、物质流、信息流的输入转化以及交换。同时，水土资源承载力各驱动要素随时间序列在不停地发展与演化，各内部系统之间具有明显的非线性、高阶次性及多重反馈性，各要素之间相互制约、相互影响使得某一区域的水土资源承载力表现出明显的系统性、振荡性及动态性。这就要求在分析其多要素驱动过程及复合驱动机制时不能简单采用传统单一性、线性分析模型对其进行考量，而是必须从系统学这一角度进行有机分析。

1.2.4.4 水土资源承载力评价单元及评价方法

确定基本评价单元是进行水土资源承载力研究的前置条件，为揭示不同研究尺度下水资源承载力、土地资源和水土资源承载力的时空演化特征、驱动要素、分区特征以及调控措施，众多学者通过利用空间技术、试验数据以及实地调研资料从县域、市域、省域甚至国家层面对水土资源承载力就多时间截面的时空变化特征进行了研究。如毕华兴 等（2003）以山西省吉县为评价单元，以农业生产限制关键性因子作为切入点，对吉县水土资源承载现状及土地适宜性进行了评价。李天霄 等（2012）以黑龙江省齐齐哈尔市为评价基本单元，基于 DPSIR 模型、实码加速遗传算法及投影指标函数构建了一套适用于水土资源承载力的投影寻踪模型。张晓青 等（2006）以山东省为评价单元，从空间角度，基于模糊综合评判以及多目标规划分析的方法对山东省 17 市水土资源承载能力及未来承载状态进行了分析，根据分析结果对全省的水土资源承载力进行了空间等级区划。南彩艳 等（2012）通过对水土资源承载系统不确定性的分析，构建了基于改进 SPA 的水土资源承载力综合评价模型，并对关中地区各地市的水土资源承载力进行了评定。朱薇 等（2020）从国家尺度着手，基于障碍度驱动要素与水土资源承载力之间的约束关系，通过 ArcGIS 对中亚地区哈萨克斯坦的水土资源承载力时空变化过程进行了分析。从已有不同研究尺度及评价单元的水土资源承载力研究成果来看，现有研究主要以行政区域如省、市和县为评价单元，鲜有将研究区划分为栅格单元的长序列水土资源承载力评价研究，而以栅格为评价单元使得评价结果更准确，数据在空间层面上的可视化效果更好。

受水土资源系统固有系统特征的影响，在评价分析过程中需要综合考量其系统内部的能量流、物质流以及信息流传递过程，同时还应对其时空分布、生态位及景观特征进行综合考量。现有的水土资源承载力分析研究主要集中在两个方向，一是从评价角度对水土资源承载力展开分析。现有研究方法可归分为主成分分析法、模糊综合评价法以及综合指标法，这些评价方法在区域水土资源承载力的驱动要素及驱动过程分析的基础上确定各驱动要素、驱动过程与水土资源系统之间的关联机制并进行评价。其中，任守德 等（2011）将解决多重相关性具有显著优势的主成分分析法与投影寻踪变换模型进行了技术集成，应用于三江平原的水土资源承载力综合评价中；施开放 等（2013）基于可拓学原理与模糊综合评价法，对三峡库区的水土资源承载力进行了系统评价，获得了库区不同水土资源承载等级的空间转移过程。二是水土资源承载力的时空演变分析及模拟预测。从系统学的角度对不同演变模式下的水土资源时空变化及驱动机理进行分析探究，探明区域尺度下水土资源承载力的演变过程及演变机制。拓学森 等（2006）结合甘肃省民勤县水土资源概况，考虑人口数量、水土资源本底现状以及资源生态发展关系等因素建立了基于系统动力学的

水土资源承载力仿真模型，对 2005—2025 年的水土资源承载力变化趋势进行了模拟预测；文倩 等（2022）从农业、社会、经济、生态四个方面基于投影寻踪模型及核密度分析模型对河南省水土资源承载力的时空分异过程特征进行了分析；朱薇 等（2020）在 2001—2017 年对哈萨克斯坦的水土资源承载力动态变化及区域差异进行了定量识别，探明了哈萨克斯坦水土资源承载力的重要障碍因素及空间分布区。

1.2.4.5　水土资源承载力评价的不足与发展趋势

由前文分析可知，现有关于水土资源承载力的评价研究主要集中于县域、市域、省域、国家域层面的综合评价，对于推进水土资源承载力研究的进一步深入奠定了良好的基础。但受传统研究技术与理论方法的约束，限制了学者们对水土资源承载力时空分异过程与演变流向的准确揭示，而且多要素驱动背景下的随机性致使大尺度的资源耦合系统理论研究与模拟产生了较大的模糊性，致使现有针对水土资源承载力的研究仍然主要以水资源、土地资源的单一研究为主，且注重于水资源的优化配置理论研究，对水、土共存系统下的耦合机制探索不足，对两者之间的相互作用机理以及互馈关联过程缺乏系统讨论，对多过程、多驱动要素下的水土资源承载力定量化时空演变分析、空间演变流向追踪及未来情景模拟仍需进一步探索。

多驱动要素下的水土资源承载力时空分异过程、驱动机理、模拟预测仍然是水土资源研究的核心问题，尤其是揭示特定地理气候条件下的水土资源耦合过程，仍然有很多问题需要解决。研究干旱荒漠区人工绿洲水资源外调注入对区域内水土资源的影响规律及驱动机理，准确揭示受多驱动要素及生态位条件共同影响的区域尺度的水土资源承载力时空分异特征与未来情景模拟已成为水土资源领域亟须解决的重大科学挑战。

随着空间监测技术的日趋成熟、长序列监测体系的不断完善、生态环境本底内容调查的日趋丰富，以及众多学者们对干旱荒漠区人工绿洲水土资源问题研究的不断推进，人们逐渐开始由传统单一的研究模式，转型为对受自然条件、结构性因素以及人类生产活动背景下多要素、多层次、多过程的水土资源递阶分析问题开展研究，并逐步开始考虑这种耦合系统内部的作用机制、演变驱动机理以及多过程耦合模拟。在长序列监测的基础上，进一步通过应用定位监测技术与空间遥测技术实现数据同化与分布式结构套合，明晰多尺度水土资源承载力时空分异过程。同时借助空间分析技术对区域尺度水土资源承载力空间演变流向、演变模式及动态演化态势进行综合分析，在此基础上探明区域尺度水土资源系统内部响应机理、推动水土资源优化配置、构建生态位适宜度评价模型成为当下水土资源承载力研究的主要趋势。

1.3　本书研究内容与技术路线

1.3.1　研究内容

本书以甘肃省景泰川电力提灌灌区为研究区，分析区域内水盐要素时空分布特征，找出区域土壤盐渍化的主导因素，探究盐渍化与地下水埋深间的数学关系，建立地下水三维非稳定流模型，对未来地下水埋深变化进行预测，从而预测研究区未来盐渍化进程。从灌区的地下水动态特征、土壤特征、植被覆盖度以及土地利用类型的演变特征入手，通过遥感解译的方法将各指标栅格定量化表示，研究灌区四个时期的水土环境脆弱性演变特征。针对干旱荒漠区水资源外调注入背景下水土资源承载力受多驱动要素难以定量化评估这一突出问题，紧扣灌区多尺度水土资源承载力时空分异过程及承载特征演变模式这一关键点，探明灌区水土资源承载力分异的多要素与多过程耦合机制，揭示宏观尺度的水土资源承载力时空变化规律，模拟并预测灌区水土资源承载力未来情景下演化态势及特征。具体研究包括以下几个方面：

1. 灌区水-盐响应机制与动态预测

通过对各个要素数据进行空间插值，得出各年份空间分布情况，分析区域水盐运移趋势和分布特征。对各监测点进行点位对照，在空间插值结果中读取点位上各项水盐要素的插值数据，进行相关性分析，得出研究区土壤盐渍化主导因素，通过非线性回归分析拟合出土壤全盐量增长率与地下水埋深的数学关系。通过遥感解译确定研究区土地利用类型，结合其他数据资料，运用 Visual MODFLOW 软件建立研究区地下水数值模型，运用2001 年和 2006 年数据对模型进行校正和验证。使用建立的地下水模型对研究区未来地下水动态进行预测，将所得数学关系式与地下水预测结果相结合，预测研究区未来土壤盐渍化发展趋势和不同年份的盐碱土分布情况，为灌区水盐调控提供科学依据和理论参考。

2. 灌区水土环境脆弱性时空演化特征

根据景电灌区 1994 年、2001 年、2008 年和 2015 年四期的遥感影像，基于空间插值理论等分析方法对灌区四个时期的地下水埋深、地下水矿化度、土壤盐分等因素进行空间定量化表示，并分析其在不同水文地质单元的时空变化特征和规律。构建灌区水土环境脆弱性评价的"目标-准则-指标"多层次评价指标体系，引入能较好描述事物不确定性的云理论对层次分析法进行改进，确定各评价指标权重，并利用 ArcGIS 软件将各指标栅格图件按其相应的权重进行叠加计算，对水土环境脆弱性进行评价。以自然因素和人为因素确定的熵为状态变量考察研究区域的稳定性，利用熵-突变理论从时间和空间两个维度对灌区区域的水土环境脆弱性状态演变进行计算分析，确定灌区环境突变的时间节点及突变诱因，以期为灌区的水土环境的治理和保护提供依据。

3. 灌区水土资源承载力时空演变分析与中长期预测

确定灌区水土资源承载力时空演变驱动因素的权重，应用多源数据融合和分布式结构套合方法，定量描述灌区宏观尺度的水土资源承载力时空动态特征，揭示不同承载特征地类单元的空间演变流向与演变模式。运用数理统计和空间分析方法分析不同承载特征地类单元间的转移概率，构建适用于灌区多变量驱动模式下水土资源承载力预测模型，预测区域中长期水土资源承载力的时空分异过程与动态趋势。

1.3.2 技术路线

本书从"灌区水-盐响应机制与动态预测""灌区水土环境脆弱性时空演化特征"和"灌区水土资源承载力时空演变分析与中长期预测"等方面开展研究，其各部分技术路线如图 1.2 所示。

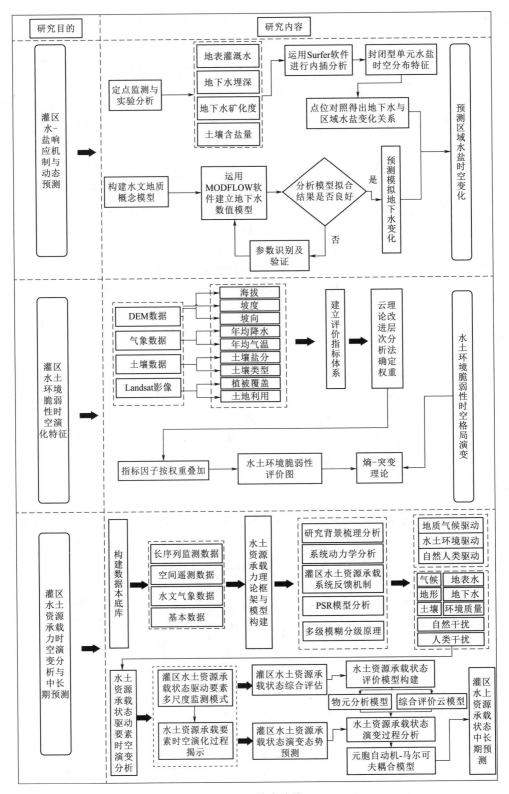

图 1.2 技术路线

2.1 地理位置

甘肃省景泰川电力提灌灌区坐落于甘肃省中段干旱地区，地理位置介于 $103°20'\sim$ $104°04'E$、$37°26'\sim38°41'N$ 之间，灌区的俯瞰图形状似一个沿主干道向两边不规则扩散的条状区域。灌区海拔为 $1470\sim2368m$，南北纵宽约 40km，东西横长约 120km。景电灌区与内蒙古阿拉善地区接壤，北倚腾格里沙漠，南靠昌岭山，西抵石羊河流域，东临黄河，是我国在景泰、古浪和阿拉善等地区通过建设大型提水灌溉工程而建立的一个人工绿洲，有效地解决了长期困扰该地区的干旱缺水、沙漠迁移以及土地荒漠化等生态环境问题。

灌区总控制面积为 $586km^2$，总灌溉面积约 6.13 万 hm^2，共分为两期施建，分别为一期工程与二期工程。其中，一期工程于 1969 年 10 月开工，于 1971 年 10 月开始提水灌溉，设计流量 $10.6m^3/s$，加大流量 $12m^3/s$，年提水量 1.48 亿 m^3，主要为景泰县及周边区域供水。二期工程始建于 1984 年 7 月，1987 年 10 月上水，设计流量 $18m^3/s$，加大流量 $21m^3/s$，年提水量 2.66 亿 m^3，主要为上沙沃镇、漫水滩乡、红水镇及古浪县东北部区域供水。自灌区提水灌溉以来，长期的有灌无排的灌水模式，导致该地区部分区域地下水埋深不断减小、地下水化学特征不断改变，再加上当地独特的气候和地形地貌特征，出现了一系列水土环境问题，诸如地下水位升高、地下水矿化度增加、天然植被退化以及土壤盐碱化等问题。同时，人工灌水所导致的水盐运移和植被覆盖/土地利用类型的变化对该地区水土环境的脆弱性产生了重要影响。虽然该地区通过大力发展提水灌溉工程形成了目前适宜人类生存生活的大面积人工绿洲，但是这种长期的、大规模的调水和不合理灌溉已经对区域水土环境的稳定性造成了不可逆的破坏，不同水文地质单元其破坏程度也不尽相同，人们在短期内并不能掌握这种区域水土环境的演变规律，只有通过长期的监测和分析才能有清晰的认识。研究区域如图 2.1 所示。

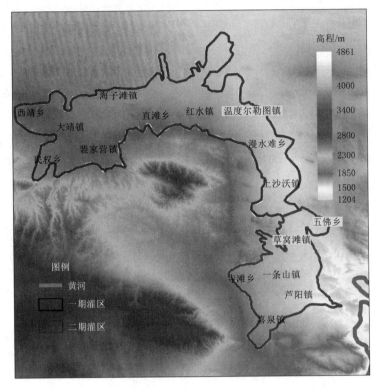

彩图

图 2.1　研究区域示意

2.2　地形地貌特征

景电灌区东起于祁连山脉东端，北至阿拉善南缘。灌区受内蒙古阿拉善地区及祁连山系褶皱影响，又受岩土侵蚀、风蚀、寒冻作用影响，灌区内地貌景观多样，主要包括台地、河滩阶地、山间盆地、山前倾斜平原、丘陵、低山、高山等。灌区地表坡度整体不大，且地势特征表现出明显的西南高、东北低，灌区周边被戈壁、荒漠围绕，故常用耕地主要集中分布在洪积平原区。景电耕地主要位于倾斜平原区，地势坡向自西南向东北，上部坡度略陡峭，坡度约 3.3%，下部坡度平坦连片，坡度约 1%。

景电一期灌区由草窝滩盆地、兴泉盆地以及芦阳盆地构成。兴泉盆地位于一期灌区开敞型单元地下水径流上游，具备较好的径流条件；而芦阳盆地属于开敞型水文地质单元，地貌景观属于山前倾斜平原，该单元地下水径流条件相对较好；草窝滩盆地则属于封闭型水文地质单元，由于其所属灌区下游端，地下水径流条件较差，容易汇集地下径流，引起地下水位升高和地下水矿化度的增加，故该区域较易发生耕地盐碱化。二期灌区北部接壤于腾格里沙漠，其地形条件直接威胁着灌区水土资源的开发与利用；灌区北部则与明沙咀区域和方家井沙窝区域的半固定沙丘和流动沙丘接壤，二期灌区东南方向为白墩子滩，盆地腹部为盐沼地，灌区向南方向为侵蚀山丘和山前丘陵地区，沿东南向黄河延伸，为灌区的主干线工程兴建提供了良好的地形优势，灌区可以根据地形特征分为东、西两片区。

2.3 气候特征

景电灌区位于欧亚大陆腹地,地处暖温带荒漠区。由于灌区受秦岭、华家岭和六盘山脉所阻,印度洋、大西洋等暖湿气流而不能至,同时,北冰洋水气又受祁连山脉、天山山脉和乌鞘岭等山脉所隔。南方气流远道而至已成强弩之末,故而造成该区域降水稀少,日照时间长而蒸发量大,春秋季多风,而夏季干旱酷热,属于典型的大陆性气候。景电灌区属于西北地区除了青藏高原外光热条件最为丰富的区域之一,一年内四季特征变化明显,冬季较短而春秋适中,夏季日照时间较长,适宜于农作物生长。自灌区提水灌溉以来,耕地以及草林面积不断扩张,由于防风林带的作用,该地区风沙明显减小,风力在 8 级以上的日数由上水前的 29 天缩减为 14 天,灌区内气候条件显著改善。

1957—2015 年以来的气象统计数据显示,该地区多年平均气温达到 8.3℃,极端最高气温和最低气温分别达到 37.3℃和 −27.3℃,差异明显。多年平均年降水量达到 185.7mm,最大、最小年降水量分别达到 295.7mm 和 94.8mm,降水多集中在 7—9 月。灌区多年平均年蒸发量达到 2433.8mm,最大、最小年蒸发量分别达到 3566mm 和 2227mm,多年平均年日照时数为 2725.6h。该地区风向主要为西北风,多年平均风速为 2.9m/s。由于灌区北部与腾格里沙漠接壤,该地区时常发生极端沙尘暴天气,多年来沙尘暴天气一年内多达 47 天,以春夏交替时发生最频繁。研究区各气象要素年内变化如图 2.2 所示。

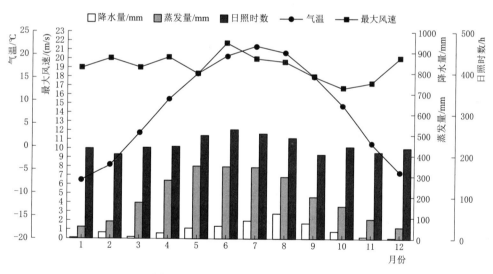

图 2.2 研究区各气象要素年内变化

2.4 地质构造及水文单元特征

景电灌区的地质构造类型主要包括奥陶系、石炭系、二迭系、三迭系、第三系、第四系 6 种地质层结构,其中第四系又分为砂砾石层、亚砂土及亚黏土层,地层分布情况及岩性概况见表 2.1。地基类型又主要包括中等坚硬岩石地基、软弱岩石地基、砂碎石地基、砂壤土与风积砂地基，灌区内地层主要包括沉积岩、变质岩、岩浆岩和第四纪松散沉积物等类型。其中，第三系上统的内陆河湖相地层和第四系地层发育十分丰富，大量分布于该地区的山麓坡地、沟谷阶地和新生代断陷盆地内。这些岩层主要是在干旱酷热条件下，受强烈的蒸发浓缩的历史时期演化而成的，因此富含硫酸盐类（$CaSO_4$、$MgSO_4$ 等）、氯盐（如 $CaCl_2$、$MgCl_2$、KCl、$NaCl$ 等）可溶性盐离子。

表 2.1　研究区地层岩性类别

名　称		地层岩性概况	分布情况
奥陶系（O）		灰岩及砂页岩互层，中厚层，较坚硬致密	主要分布在青石洞山一带及五佛乡以西
石炭系（C）		砂岩、泥质细砂岩、碳质页岩及灰岩，风化严重，呈土状	分布在一泵站苦水沟至芦阳沟一带，及猎虎山周围
二迭系（P）		由砂岩及砂质泥岩组成，中厚层，较坚硬致密	分布在一、三、四泵站附近，三至四泵站渠线上
三迭系（T）		为长石砂岩-细砂岩-粉砂岩-砂质泥岩一套陆相沉积，层厚不一，岩石较为坚硬，含泥质多者较为松散	分布在五泵站以上渠道及各建筑物地段
第三系（N）		由砾岩及泥岩组成，砾岩成分较杂，砾径不一，泥岩呈块状，干时坚硬，遇水则软化、崩解	分布在研究区南部边缘
第四系（Q）	砂砾石层（Q_1）	由砂岩、灰岩、片岩等组成，结构松散	分布在芦阳盆地和草窝滩的部分地区
	亚砂土及亚黏土层（Q_2）	以粉粒为主，质轻且易碎，土内有小空洞，含盐量较高	占据了研究区大部分地区

景电灌区由东至西可依次划分为封闭型水文地质单元及开敞型水文地质单元两类。其中封闭型水文地质单元的水文地质特征可描述为三个关键水文特征带，分别从外围向盆地中心逐渐形成了入渗主导、盐随水移的灌溉入渗带，水量多变、运移迟滞的溶质运移带以及蒸发主导、水散盐聚的汇水聚盐带。该水文地质单元主要集中分布于灌区的芦阳盆地、草窝滩盆地、白墩子—漫水滩盆地等区域。该水文地质单元如图 2.3 所示。

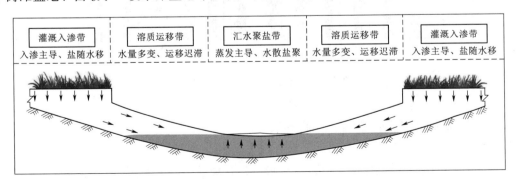

灌溉入渗带	溶质运移带	汇水聚盐带	溶质运移带	灌溉入渗带
入渗主导、盐随水移	水量多变、运移迟滞	蒸发主导、水散盐聚	水量多变、运移迟滞	入渗主导、盐随水移

图 2.3　封闭型水文地质单元示意

由灌区封闭型水文地质单元内 7 座典型的地下水监测井在 1994—2018 年的地下水水位监测情况可知，汇水聚盐带地下水埋深由 1994 年的 20m 左右上升至 2018 年的 1.5m 左右。溶质运移带在 1994—2018 年间，地下水埋深累计上升了 5～8m。灌溉入渗带的地下水埋深变化幅度则相对较小。地下水矿化度随着灌排及水盐运移过程的推进，在溶质运移带地下水矿化度呈现出振荡变化，在汇水聚盐带伴随着水热交换、水盐运移过程的发生地下水矿化度持续上升，并加剧了次生盐碱化态势的演变过程。

开敞型水文地质单元水文地质可描述为灌溉入渗带、溶质运移带以及盐随水移、深层耗散的水盐耗散带这三个关键水文特征带，开敞型水文地质单元主要包括四个山平原区、海子滩—洋湖子滩盆地等区域。受盆地基底构造影响，开敞型水文地质单元盆地内多年地下水埋深累计上升 1.2～4.6m，地下水矿化度多年变化在 0.93～3.16g/L 之间。该水文地质单元如图 2.4 所示。

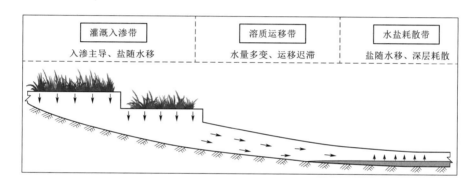

图 2.4　开敞型水文地质单元示意

两种水文地质单元的地下水水化学特性演变过程存在明显差异。两种水文地质单元的灌溉入渗带地下水水质均处于由低矿化度的重硫酸钙型水过渡到矿化度为 2.1～5.2g/L 的 $SO_4^{2-}-Cl^--(K^++Na^+)-Ca^{2+}$ 或 $SO_4^{2-}-Cl^--(K^++Na^+)-Mg^{2+}$ 型。对于封闭型水文地质单元的汇水聚盐带，水化学特征类型为 $Cl^--SO_4^{2-}-(K^++Na^+)-Ca^{2+}$ 型。而对于开敞型水文地质单元的水盐耗散带，其化学类型以 $SO_4^{2-}-Cl^--Ca^{2+}-(K^++Na^+)$ 型为主。

2.5　社会经济概况

甘肃省景泰川电力提灌工程（简称景电工程）是一个跨省市、多梯级、高扬程、大流量的提水灌溉工程。设计流量 28.6m³/s，加大流量为 33m³/s，整个工程共有泵站 43 座，装机容量 27 万 kW，扬程最高为 713m，渠系建筑物共有约 9126 座，灌溉面积 100 万亩❶。景电工程以其强大的水利体系为灌区人民提供了强有力的用水保障。

景电工程从规划、设计、建设，最后到完工，自始至终秉持着"依赖科技、敢为人

---

❶　1 亩 ≈ 666.67m²。

先、辛勤创业、为人民造福祉"的景电精神，这种精气神不仅成就了景电人民独特的气质和品性，也为当地人民发展小康社会、建设美丽家园提供了源源不断的动力，同时在实践中不断创新、发展和丰富。

景电工程经过50余年的建设和发展，产生了有目共睹的社会、经济和生态效益。景电工程自建成后，对灌区的农业生产产生了根本性的改变；截至2013年年底，灌区带来的经济效益是建设工程总投资的20.79倍，灌溉面积扩张到108万亩，达到灌溉设计面积的108%，累计提水量达到106.8亿 m³；灌区累计产粮77.51亿 kg，直接经济效益累计达到138.36亿元；在社会效益上，灌区妥善安置了甘肃和内蒙古两省（自治区）40万移民，新建乡镇10余个，学校178所、医院123所，这些设施成为灌区40万人民生存致富的依托，是国内高扬程工程建设的典范，更是灌区社会和经济不断发展的命脉。

因景电工程而孕育的百万亩耕地和万亩防护林成为遏制腾格里沙漠南移的重要屏障，也为甘肃省兰州市的水土保持与生态修复提供保障，尤其是往民勤累计调水量达到7.67亿 m³，对石羊河流域的治沙发挥了极其重要的影响。

2.6　水土资源概况

灌区内植被景观表现出明显的荒漠化草原特征，主要由旱生草本混合群和超旱生小灌木组成，覆盖度极低。灌区耕地层的土壤类型多以荒漠灰钙土为主，土壤表层结构松散且有机质含量低，土壤毛管孔隙多且连续性较好，在特定的自然环境加之长期不合理的灌溉模式，打破了原来水文地质单元的水盐均衡状态，导致灌区内地下水水位不断提升，地下水矿化度含量不断增加，同时受当地高蒸发、低降雨的气候条件影响，蒸发过程使得土壤中积盐随毛细管作用逐渐运移至土壤层表面，致使灌区内以次生盐碱化为主的水土资源环境问题逐渐凸显。研究区田间尺度的土壤积盐驱动过程如图2.5所示。根据甘肃省景泰川电力提灌水资源利用中心的土地调查报告，1994年灌区内盐碱地占地面积仅为2万多亩，2010年则又在1994年的基础上增加近3万亩。

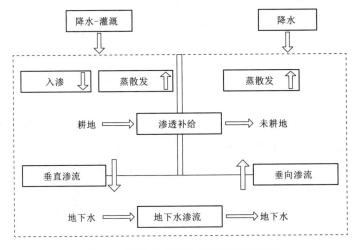

图2.5　灌区土壤积盐的驱动过程示意

灌区经过长时间水盐运动，地下水水位抬升，内部盐分聚积，其中以封闭型单元最为严重，部分区域土壤盐碱含量过高，盐碱物在地表汇集、结块，盐渍土侵蚀耕地。灌区的盐碱地主要分布在一期灌区的封闭型水文地质单元。灌区现有盐碱耕地面积27万亩，约占灌区水浇地总面积的42%，因盐碱化过高而被弃耕的面积有6.3万亩。自20世纪90年代以来盐碱地一直呈持续增长趋势。盐碱地总面积至2015年已达区域面积的21.75%。灌区水盐现状如图2.6所示。

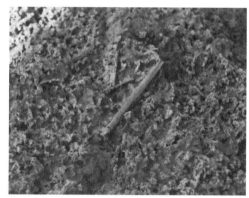

（a）盐碱地　　　　　　　　　　　　　　　　（b）盐渍土

图2.6　灌区水盐现状

为应对灌区土壤盐碱化进程逐渐加剧的态势，灌区开始推行以"农业＋生物化学＋工程"为主的区域水盐调控关键治理模式，将灌区普遍采用的漫灌、串灌等粗放的灌溉模式改为畦灌、沟灌、小块灌等节水灌溉模式。对于封闭型水文地质单元中盐碱化程度较为严重、地下水已出露的区域，推行了开塘养殖碱水鱼、虾的模式（图2.7），开塘的土料垫高周边耕地，使低地变为高地，逐步适宜耕作，此外还示范建设了湿地公园，不仅提高了区域空气湿度，调节小气候，同时为干旱区新增了湿地模式的旅游资源。图2.8所示为正在建设中的景泰县景泰白墩子湿地公园，拉长产业链，进一步提高了盐碱地的经济与社会效益，为持续利用盐碱地开辟了途径。

图2.7　灌区碱水养殖模式　　　　　　　图2.8　景泰白墩子湿地公园

2.7　主要环境问题

景电灌区位于甘肃省中部，地处腾格里沙漠与黄土高原过渡带，是我国黄河中上游重要的大型梯级泵站灌溉农业区。自灌区建成以来，由于长期的不合理灌溉，灌区地下水位不断抬升，再加上治理不到位，导致大片宜耕良田不断发展成盐碱地。灌区盐碱地面积由1990 年的 4.8 万亩发展到 1998 年的 8.0 万亩，2000 年盐碱地面积又在 1998 年的基础上增加了 5 万亩，又因灌溉回归水的汇聚，导致地下水位和矿化度持续升高，中度盐碱地以每年约 6000 亩的速率扩张蔓延，且有逐年加快的趋势。截至 2014 年，灌区原有耕地盐碱化已近 27 万亩，占总水浇地面积的 42%，其中轻度盐碱地面积为 4.2 万亩，中度盐碱地面积为7.0 万亩，重度盐碱地面积为 9.5 万亩，因盐碱化过高而被弃耕的面积则有 6.3 万亩。

景电灌区碱地主要分布在灌区的草窝滩、芦阳盆地等封闭型水文单元，盐碱化不断侵蚀耕地的主要原因如下：

（1）受地形地质的影响，一期灌区地形为一个狭长的封闭盆地，土壤类型为灰钙土，土层厚度在 2～8m，下垫面为第四纪碎石及沉积砂层，再下面为第三纪红砂砾岩，不透水层厚 50～500m。

（2）无系统排水措施，灌区未建工程排水设备，又无天然排水渠道，有灌而无排导致地下水位的抬升。据研究，草窝滩盆地在灌区建成提水前并无地下水存在，由于一期灌区开始提水灌溉后，大量回归水入渗运移，打破了原来盆地的水盐平衡，使得草窝滩东南区域和白墩子滩腹部地下水埋深变浅，因此提水灌溉是土地盐碱化发展的主要内因。由于地下水入渗补给远大于排泄量、灌排失衡以及有灌无排，致使地下水位在短时间内迅速升高，超过地下潜水的蒸发临界水位，在这种独特的高蒸发作用下，地下水中的盐离子通过土层中的毛管作用被带至土壤表层，从而形成盐碱地。

（3）该地区富含大量带有盐离子的土壤母质，其在风化侵蚀后析出大量可溶性盐离子，在地下水位升高后，经过毛管蒸发作用运移至土壤表层。

（4）气候因素，景电灌区所属大陆性干旱气候，蒸发量远大于降水量，在强烈的蒸发作用下，深层土壤中的可溶性盐离子随毛管水上移，水分不断蒸发而盐分不断聚集，从而导致大面积的耕地盐碱化。

第 3 章

灌区水-盐响应机制与动态预测

3.1 水盐驱动要素时空分布

3.1.1 研究方法

为揭示灌区封闭型地质单元内土壤盐渍化各项驱动因素的分布特征，在时间和空间两个维度上进行研究。在时间维度上，选取 2001 年、2006 年、2011 年和 2016 年四个代表性年份。在空间维度上，探究各项水盐要素在区域尺度上连续变化的空间分布情况。由于整个研究区表面包含了无数个点，以实测手段采集全部点的详细数据无法实现，而且已采集的点位大多是不规则排列的，需要辅以合适的空间插值方法，根据已有点位的数值推求其他未知点位的数值，最终获取连续光滑的空间分布图。目前常用的空间插值软件有 ArcGIS、Surfer、GMT 等，本书选用 Surfer 软件进行插值。

3.1.1.1 Surfer 软件介绍

Surfer 软件是一款主要用于绘制等值线图（包括平面图、影像图、矢量图、线框图等形式）和相应的三维图形的产品，Surfer 软件简单易学、操作简便，最早被应用于地质学，主要因其在绘制等值线图与三维立体图方面具有很大优势，而且在网格数据处理过程中可以运用变差函数的功能，像克里金插值法、最小曲率法。如果有需要还可以通过多种参数的计算对网格函数进行处理，可以说 Surfer 软件几乎包含了所有常用的数据统计和计算方法。Surfer 可以快速生成专业的等高线图、地质等厚线图、气象等温线图等，地理教师利用 Surfer 软件轻松绘制教学中需要的平面等值线图、地形地貌图、矢量图和三维表面图，若要进行文件和数据的交流，可通过 Surfer 软件提供的不同类型文件格式输入、输出接口即可操作完成。该软件共提供 12 种空间插值方法，可根据数据获得情况和研究需要进行选取。

1. 反距离加权插值法

反距离加权插值（inverse distance weight，IDW）的显式假设为：待插值点的属性值受到距离更近的已知点的属性值的影响更大，而且随着距离的增大，已知点对插值点的影响只会越来越小。也就是说，反距离加权插值的插值点的属性值主要取决于离插值点较近的局部已知点集。由于这种方法为距离插值点较近的点分配的权重较大，而权重随着距离的增大而减小，因此称这种方法为反距离加权插值法。

反距离加权插值法中已知点距离插值点远近的影响效果主要依赖幂函数值。已知点属性值的权重与反距离的 p 次幂成正比。因此，随着距离的增加，权重将迅速降低。同时，不同的 p 值对权重有显著的影响，权重下降的速度取决于 p 值。如果 $p=0$，则表示权重不随距离改变而产生变化，因此，每个已知点的属性值对插值点的属性值的影响力相同，插值点的属性值将是搜索邻域内的所有已知点的属性值的平均值。随着 p 值的增大，较远数据点的权重将迅速减小。如果 p 值极大，则仅距离插值点最近的已知点会对插值点的属性值产生影响。一般默认 p 值为 2，但没有理论依据证明该值最优，因此，可以通过交叉验证等方法确定最佳 p。

假设待插值点为 (x_0, y_0)，空间中有 n 个已知点 (x_i, y_i)，其中 $i=1, 2, \cdots, n$，则待插值点处的值可以表示为

$$Z(x_0, y_0) = \sum_{i=1}^{n} \omega_i Z(x_i, y_i) \tag{3.1}$$

式中：ω_i 为每一个已知点所分配的权重。

ω_i 可以表示为

$$\omega_i = \frac{d_i^{-p}}{\sum_{i=1}^{n} d_i^{-p}} \tag{3.2}$$

式中：d_i 为第 i 个已知点到待插值点的空间距离。

d_i 表示为

$$d_i = \sqrt{(x_0 - x_i)^2 + (y_0 - y_i)^2} \tag{3.3}$$

2. 克里金插值法

克里金插值法是典型的空间插值算法，命名来自南非金矿工程师 Danie G. Krige，用来纪念其对空间场进行回归预测的开创性工作。克里金插值法本质上是一种局部最优线性无偏估计的算法。与反距离权重等确定性插值方法不同，克里金插值法是包含空间自相关的统计模型，其不仅考虑空间中待插值点与样本点之间的位置关系，还考虑了空间中样本之间的位置关系。因此，克里金插值法不仅能对空间的表面进行预测，而且能对预测的准确性或确定性提供某种程度上的度量。根据不同的应用场景，克里金插值法有不同的形式。克里金插值法的原型是普通克里金，其他常见的改进算法形式包括泛克里金、协同克里金等。

普通克里金插值法将空间视为随机场，而且随机场满足：①数学期望存在，且与位置无关；②任意样本点之间，其协方差函数仅是点间向量的函数。假设协方差函数 $C(h)$ 和变异函数 $\gamma(h)$ 存在且平稳，对待插值点进行局部线性无偏最优估计，计算公式如下：

$$Z(x_0) = \sum_{i=1}^{n} \lambda_i Z(x_i) \tag{3.4}$$

式中：$Z(x_0)$ 为待插值点处的属性值；x_0 为已知样本点 x_i 处的属性值；λ_i 为克里金权重系数；n 为已知样本点的数量。

克里金权重可以通过对克里金方程组求解获得。普通克里金方程组的表达式为

$$\begin{cases} \sum_{i=1}^{n} \lambda_i C(x_i, x_j) - \varphi = C(x_0, x_i) \\ \sum_{i=1}^{n} \lambda_i = 1 \end{cases} \tag{3.5}$$

式中：$C(x_i, x_j)$ 是已知样本点 x_i 和 x_j 之间的协方差；$C(x_0, x_i)$ 是已知样本点 x_i 与待插值点 x_0 之间的协方差；φ 是拉格朗日因子。

3. 最小曲率法

最小曲率法广泛应用于地球科学，原理是在插值过程中遵循给定点数据空间分布特点的前提下，生成尽可能光滑的平面，由于不可能完全遵循给定点数据空间分布，所以插值结果不够精确。

4. 改进谢尔德法

改进谢尔德法将反距离加权插值法的全局插值性质限制在局部范围内，同时用节点函数代替离散点的属性值，使插值结果更加平滑和准确。

5. 最近邻点插值法

最近邻点插值法按照给定点空间位置将插值区域简单分割成子区域，采用最近的单个给定点的属性值作为区域值，是一种极端的边界内插法，适用于区域内采样点紧密且完整的情况。

6. 自然邻点插值法

自然邻点插值法基于泰森多边形法的赋值原理，使用各点位相邻点的权重平均值决定该点的权重，并由权重大小决定多边形的面积，赋值结果更加准确。

7. 多元回归法

多元回归法是根据给定点的空间位置及相应属性值拟合出一个平滑的数学平面方程，使用方程计算出未知点位的插值结果。

8. 径向基函数插值法

径向基函数是关于数据点距离的函数，函数的表达式与问题的维数无关，具有量纲无关和无网格特征，因此十分适合于散乱数据的曲面模拟。鉴于径向基函数有无网格和存储计算简单的优点，近年来，径向基函数插值法被广泛应用于多维散乱数据处理和偏微分方程数值求解。径向基函数属于多元函数，是一类以径向距离作为变量的基函数的集合。假设空间中有两个点分别为 $d_i = (x_i, y_i, z_i)$ 和 $d_j = (x_j, y_j, z_j)$，则空间中两个点的欧几里得距离 r 可以表示为

$$r(d_i, d_j) = \sqrt{(x_i - x_j)^2 + (y_i - y_j)^2 + (z_i - z_j)^2} \tag{3.6}$$

未知函数 $f(x)$ 在高维空间中，$x_i \in R^n (i = 1, 2, \cdots, N)$，是一组高维空间中的离散点，$x_i$ 对应函数值 $y_i = f(x_i) \in R$。因此，任意点的函数值 $f(x)$ 可以表示为径向基函数的线性组合，形式为

$$f(x) = \sum_{j=1}^{N} a_j \varphi(\|x - x_j\|_2) \tag{3.7}$$

式中：N 为插值点的个数；a_j 为待定系数；φ 为一种类型的径向基函数。

根据径向基函数的作用范围，径向基函数一般可以分为全局支撑和局部紧支撑两大类。相比局部紧支撑的径向基函数，全局支撑径向基函数更受欢迎，因为它们是在一定的数学与物理背景下提出的。

9. 线性插值三角网法

线性插值三角网法使用最佳的狄洛尼（Delaunay）三角形，将给定点互相连接成为三角形，且每个三角形的边与其他三角形的边都不相交，构成一个由三角形组成的覆盖插值区域的网，每个三角形单独定义所覆盖区域的值，能够在插值区域内均匀地分配数据，将插值结果与给定数据紧密连接起来。

10. 移动平均插值法

移动平均插值法是在点位搜索椭圆内提取未知点领域内给定点位的值，这些点的平均值就是未知点的插值结果，即

$$\hat{Z}(X_0) = \frac{1}{n}\sum_{i=1}^{n} Z(X_i) \tag{3.8}$$

式中：$\hat{Z}(X_0)$ 为未知点插值结果；$Z(X_i)$ 为预测点 X_0 搜索域 n 个给定点的属性值。

11. 数据度量插值法

数据度量插值法将未知点周围的给定点信息进行聚集形成局部数据集，通过选择数据度量插值法求出插值结果，即

$$S(r,c) = \{(x_1,y_1,z_1),(x_2,y_2,z_2),\cdots,(x_n,y_n,z_n)\} \tag{3.9}$$

式中：$S(r,c)$ 为未知点插值结果；(x_n,y_n,z_n) 为局部数据集中给定点数据；n 为给定点数量。

在 Surfer 软件中提供有五种不同的数据度量插值法。

12. 局部多项式插值法

采用多个多项式对指定搜索领域内所有点插值出合适阶数的多项式，多项式在区域内中心点的值就是未知点插值结果，适用于给定数据中有短程变化现象的情况。

3.1.1.2 数据采集与处理

水盐因素空间插值需要 2001 年、2006 年、2011 年和 2016 年的地下水埋深、土壤全盐量、地下水矿化度、地表灌溉水量数据，依据表 3.1 对所需数据进行收集和处理。各要素采样点在研究区内随机分布，并选取不同的土地利用类型，以保证能够体现研究区水盐特征，各要素采样点位分布如图 3.1 所示。

表 3.1　　　　　　　　　　　　　　数 据 来 源 及 处 理

数 据 名 称	数 据 来 源	数 据 处 理	数 据 类 型
土壤全盐量/%	采样点实测	实验室分析＋空间插值	矢量数据
地下水矿化度/(g/L)	采样点实测	实验室分析＋空间插值	矢量数据
地下水埋深/m	监测井数据	空间插值	矢量数据
地表灌溉水量/万 m³	渠首计量设施	空间插值	矢量数据

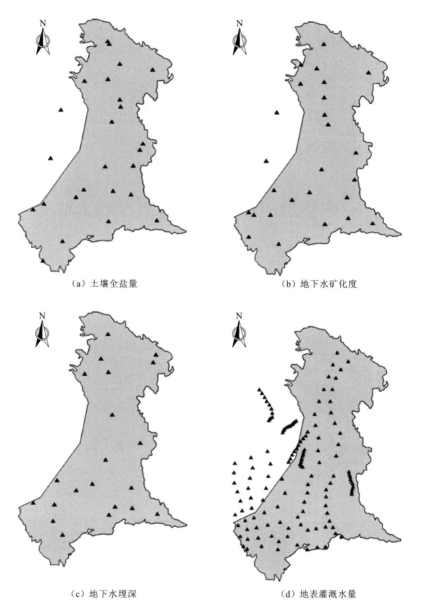

（a）土壤全盐量

（b）地下水矿化度

（c）地下水埋深

（d）地表灌溉水量

图 3.1 各要素采样点位分布

1. 土壤全盐量

由于灌区土壤盐渍化进程基本不受地表 100cm 以下土壤全盐量影响，因此本书由人工使用土钻分别采集地面以下 0～20cm、20～40cm、40～60cm、60～80cm、80～100cm 处的土壤样本，自然风干，依据一定比例加入超纯水调配检测样本，使用离子色谱仪检测土壤离子含量，将各土层的离子含量综合叠加即为研究所需的 0～100cm 土层土壤全盐量。土壤采样及检测过程如图 3.2～图 3.4 所示。采样点位即为插值点。各要素插值点分布如图 3.1 所示。

图 3.2　土壤样本采集

（a）土样称重

（b）调配样本

（c）样本提取

（d）样本储存

图 3.3　检测样本制备

2. 地下水矿化度

在研究区采样点抽取地下水检测样本，使用离子色谱仪检测地下水矿化度。采样点位即为插值点。

3. 地下水埋深

本书所用地下水埋深为各监测井年平均埋深，根据研究区地下水监测井提供的年平均地下水埋深数据所得，监测井点位即为插值点。

4. 地表灌溉水量

本书所用地表灌溉水量来自灌区各个支

图 3.4 样本检测

渠渠首的计量设备提供的灌溉数值。为方便插值和保证精度，在每个支渠上均匀选择 10 个点，每个点的取值为渠首地表灌溉水量的 1/10。

3.1.1.3 误差分析

为了评估插值结果的准确性，本书采用交叉验证对几种要素的插值结果进行评价。交叉验证是在所有已知监测点中预留出一个数据点作为未知点，以其余监测点作为给定点，进行空间插值，读取该数据点的插值结果，与自身已知属性值进行比较，计算出两者之间的误差值，依次将每个已知监测点作为未知点，得出各监测点上的误差，最终对插值方法整体精度进行评价，误差越小则该插值方法精度越高。本书采取平均绝对误差 MAE、平均相对误差 MRE、均方根误差 RMSE 三个指标评价插值结果的精度，计算公式分别如下：

$$MAE = \frac{1}{n} \sum_{i=1}^{n} \left| P_{ei} - P_{ai} \right| \tag{3.10}$$

$$MRE = \frac{1}{n} \sum_{i=1}^{n} \left| \frac{P_{ei} - P_{ai}}{P_{ai}} \right| \tag{3.11}$$

$$RMSE = \sqrt{\frac{1}{n} \sum_{i=1}^{n} (P_{ei} - P_{ai})^2} \tag{3.12}$$

式中：P_{ei} 为第 i 个监测点的插值结果；P_{ai} 为第 i 个监测点的属性值；n 为监测点数量。

3.1.2 水盐驱动因素时空分布特征

综合考虑研究区各水盐因素点位情况和空间插值适用情况，首先使用 2016 年的数据进行插值，对插值结果进行交叉验证，检验插值结果的准确性是否满足研究需要。通过对不同插值方法进行精度对比分析，最终选用 Surfer 软件中的克里金插值。结果见表 3.2，分析可知四个水盐因素插值结果的 MAE、MRE、RMSE 均较低，插值精度满足研究要求，可采用克里金插值对实验数据进行处理，插值所得结果可用来进行区域水盐发展态势研究。

表 3.2　　　　　　　　　　　插 值 精 度 分 析　　　　　　　　　　　　　%

数 据 名 称	MAE	MRE	RMSE
土壤全盐量/%	0.102	0.023	0.028
地下水矿化度/(g/L)	0.256	0.046	0.055
地下水埋深/m	0.362	0.035	0.047
地表灌溉水量/万 m³	0.531	0.054	0.061

　　分别对四个年份的水盐因素进行空间插值，得到土壤全盐量空间插值图、地下水矿化度空间插值图、地下水埋深空间插值图、地表灌溉水量空间插值图（图 3.5～图 3.8），对插值结果进行分析，提取出各个因素不同年份的特征值，见表 3.3～表 3.6。

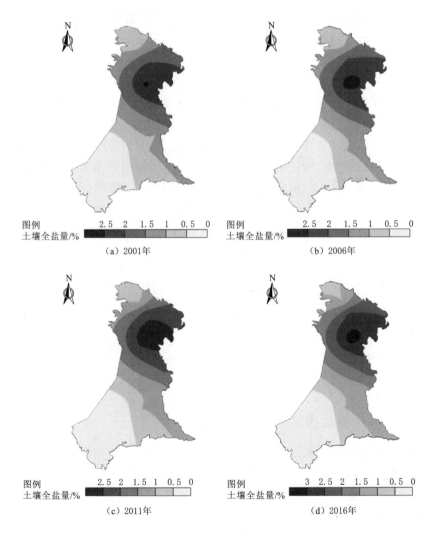

图 3.5　各年份土壤全盐量空间插值图

彩图

表 3.3　　　　　　　　　　　　　不同年份土壤全盐量特征值　　　　　　　　　　　　　　%

年　份	最大值	最小值	平均值
2001	2.571	0.051	0.972
2006	2.721	0.048	1.026
2011	2.943	0.045	1.108
2016	3.214	0.043	1.205

分析图 3.5 和表 3.3 可知，研究区土壤全盐量由西南部至东北部逐渐增高，土壤盐分随时间推移逐渐向东北部中心区域集中。2001—2016 年，西南地区全盐量一直处于 0.5% 以下，西部全盐量较低的区域面积没有发生明显变化，但土壤全盐量值呈减小趋势，最小值由 2001 年的 0.051% 降低到 2016 年的 0.043%；东部全盐量较高的区域面积一直在增大，东北部区域中心位置土壤盐分含量不断增加，在 2016 年中心区域土壤全盐量已经超过了 3%。研究区 16 年间区域土壤全盐量平均值由 0.972% 增至 1.205%，土壤全盐量整体呈增加趋势。

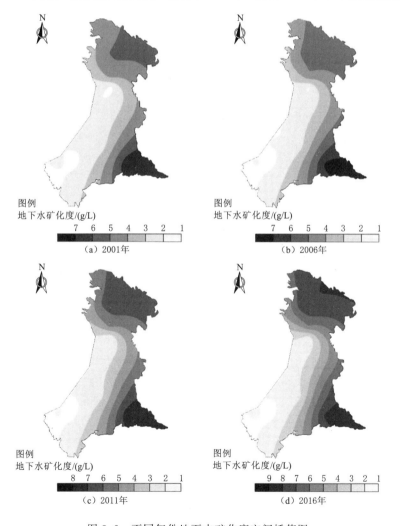

彩图

图 3.6　不同年份地下水矿化度空间插值图

表 3.4　　　　　　　　　　　不同年份地下水矿化度特征值　　　　　　　　单位：g/L

年　份	最大值	最小值	平均值
2001	6.876	1.649	3.913
2006	7.287	1.675	4.141
2011	7.779	1.645	4.599
2016	8.327	1.584	5.213

分析图 3.6 和表 3.4 可知，研究区地下水矿化度由西向东不断升高，地下水矿化度最高的区域在东南部地区。2001—2016 年，西部地下水矿化度 1~3g/L 的区域面积基本没有发生变化，矿化度增减不明显，最小值也在不断浮动，呈先增加后减小的趋势，由 2001 年的 1.649g/L 减小到 2016 年的 1.584g/L；北部和东南部地下水矿化度持续增长，矿化度由内部向边缘逐渐增长，2001 年北部地下水矿化度 4~6g/L 的区域和东南部地下水矿化度 5~7g/L 的区域，到 2016 年地下水矿化度整体提升了 2~3g/L，地下水矿化度最大值由 6.876g/L 增加到了 8.327g/L。研究区域地下水矿化度平均值由 3.913g/L 增至 5.213g/L，16 年间地下水矿化度整体呈增加趋势。

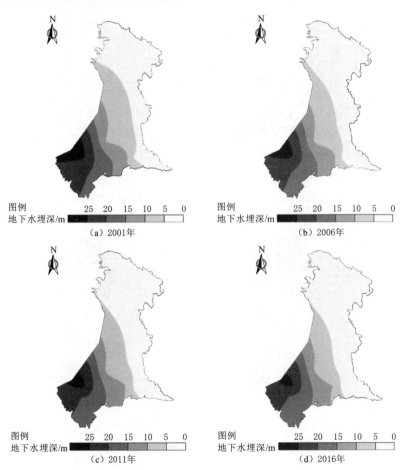

彩图

图 3.7　不同年份地下水埋深空间插值图

表 3.5	不同年份地下水埋深特征值		单位：m
年　份	最大值	最小值	平均值
2001	26.904	2.541	8.783
2006	26.478	1.378	8.669
2011	26.259	0.561	8.053
2016	25.874	0.163	7.565

由图 3.7 和表 3.5 可知，研究区地下水埋深由西向东不断减小。2001—2016 年间，东北部地下水埋深在 0～5m 的区域不断向西南发展，地下水最小埋深由 2001 年的 2.541m 减小到 2016 年的 0.163m；中部埋深在 5～20m 的区域均发生不同程度的减小；西部埋深为 20m 以上的区域在 2001—2011 年面积明显减小，此后趋于稳定，最大埋深值由 26.904m 减小到 25.874m。总的来看，区域地下水埋深平均值由 8.783m 减小至 7.565m，研究区在 2001—2016 年间地下水埋深整体呈减小趋势。

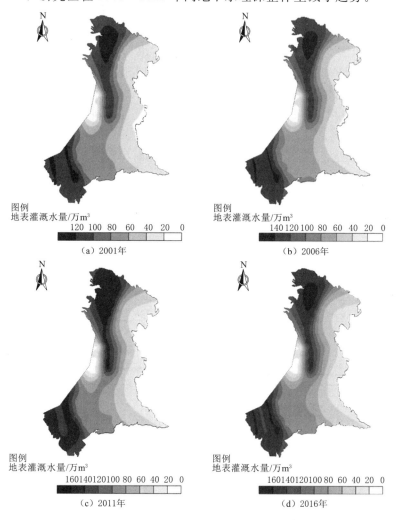

彩图

图 3.8　不同年份地表灌溉水量空间插值图

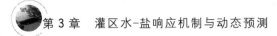

表 3.6	地表灌溉水量各年份特征值		单位：万 m³
年　份	最大值	最小值	平均值
2001	127.541	7.647	64.437
2006	145.616	8.731	74.711
2011	157.901	9.467	81.013
2016	166.323	10.002	85.335

由图 3.8 和表 3.6 可知，研究区地表灌溉水量沿各支渠呈条带状向两侧扩散，地表灌溉水主要集中在西南部地区和西北部地区。2001—2016 年西南部地区和西北部地区地表灌溉水量不断增加，随着灌溉水量的增加，灌溉水量 100 万 m³ 以上的区域缓慢向研究区内部扩张，地表灌溉水量最大值由 2001 年的 127.541 万 m³ 增加至 2016 年的 166.323 万 m³；东部灌溉水量 60 万 m³ 以下的区域面积不断减小，最小值由 7.647 万 m³ 增至 10.002 万 m³；南部灌溉水量在 80 万～100 万 m³ 的区域面积大幅增加，向四周扩散。区域地表灌溉水量平均值由 2001 年的 64.437 万 m³ 增至 2016 年的 85.335 万 m³，研究区 16 年间地表灌溉水量不断增加。

参照盐渍土分类标准（表 3.7）对研究区土壤进行划分，提取不同盐渍化程度土壤所占面积，得到各年份盐渍土分布图及不同盐渍化程度土壤面积占比。由表 3.8 和图 3.9 可知，2001—2016 年研究区非盐渍土面积基本未发生改变，面积占比保持在 26% 左右，盐渍化土面积占比减小了 8.191%，轻盐土范围不断向四周扩张侵蚀盐渍化土区域，面积占比从 32.569% 增长到 39.395%，到 2016 年在东北部中心区域出现了中盐土，占研究区面积的 1.181%。整体来看，虽然研究区发生土壤盐碱化的土地面积没有增加，但随着时间发展盐碱地中心区域向外盐渍化程度逐渐增强。

表 3.7	盐　渍　土　分　类		
类　　型	评　　级		
	代号	0～100cm 全盐量/%	
非盐渍化土	I	<0.4	
盐渍化土	II	0.4～1.5	
轻盐土	III	1.5～3.0	
中盐土	IV	3.0～6.0	
重盐土	V	6.0～12.0	
特重盐土	VI	>12.0	

表 3.8	各年份不同盐渍化程度土壤面积占比					%
年份	非盐渍化土	盐渍化土	轻盐土	中盐土	重盐土	特重盐土
2001	26.028	41.403	32.569	0	0	0
2006	26.142	38.067	35.791	0	0	0
2011	26.242	35.179	38.579	0	0	0
2016	26.212	33.212	39.395	1.181	0	0

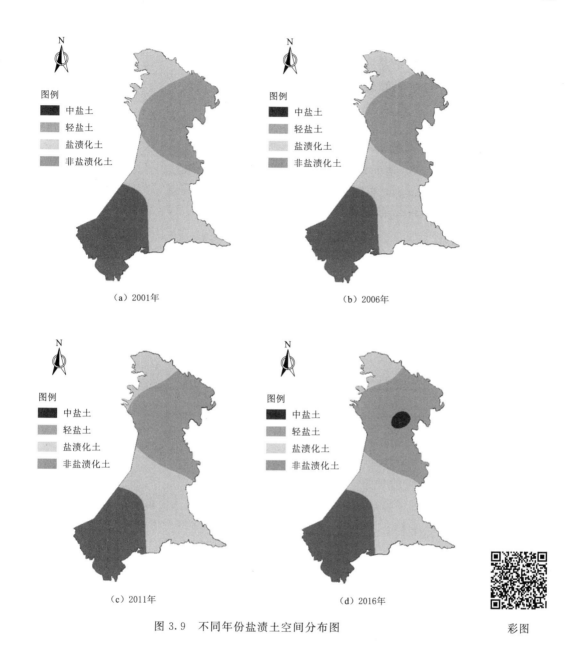

图 3.9 不同年份盐渍土空间分布图

彩图

3.2 土壤盐分对地下水动态变化响应特征

3.2.1 土壤全盐量变化主导因素分析

空间插值进行精度分析证明了插值结果可用于研究区水盐发展研究。运用点位对照的方式，选择均匀分布在研究区内的 33 个测试点（图 3.10），在插值结果上分别读取点位上 2001 年、2006 年、2011 年和 2016 年四个年份水盐因素的数据，运用 SPSS 软件和 R 语言对各因素进行相关性分析，结果如图 3.11 所示。

由图 3.11 可知，土壤全盐量与地下水矿化度呈正相关关系，与地表灌溉水量和地下水埋深呈负相关关系，其中与地下水埋深相关性最强，Pearson 系数为 -0.80，Spearman 系数为 -0.86，Kendall 系数为 -0.70，均呈极显著负相关（$P < 0.01$）；地下水埋深与地下水矿化度相关性较高，Pearson 系数为 -0.70，Spearman 系数为 -0.81，Kendall 系数为 -0.62，呈显著负相关（$P < 0.05$）；其他各项因素之间相关性较低，地下水埋深为区域土壤盐渍化的主导因素。

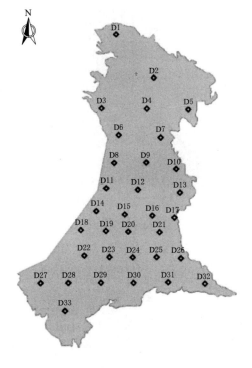

图 3.10　测试点示意

3.2.2　土壤全盐量变化与地下水埋深的关系

研究区土壤母质盐分含量高，在天然地质条件和长期人为灌溉以及水盐运移的共同作用下形成了封闭型单元自身的土壤全盐量的分布和增长规律。通过相关性分析已得出研究区土壤全盐量与地下水埋深呈强相关，因此采用非线性回归分析的方法找出土壤全盐量增长率与地下水埋深的关系，以此达到预测研究区盐渍化发展的目的。在采用 MAE、MRE、RMSE 三个指标的基础上，引入决定系数 R^2 对预测结果的拟合程度进行综合评价。R^2 越接近于 1，说明预测效果越好。

$$R^2 = \frac{\left[\sum_{i=1}^{n} (y_i - \bar{y})(\hat{y}_i - \bar{\hat{y}}) \right]^2}{\sum_{i=1}^{n} (y_i - \bar{y})^2 \sum_{i=1}^{n} (\hat{y}_i - \bar{\hat{y}})^2} \tag{3.13}$$

式中：R^2 为决定系数；y_i 为第 i 点的实测值；$\bar{y}$ 为实测值的平均数；$\hat{y}_i$ 为第 i 点的预测值；$\bar{\hat{y}}$ 为预测值的平均数。

3.2.2.1　数据拟合

选取 33 个测试点读取的 2006 年、2011 年和 2016 年土壤全盐量及相应埋深，对所得数据进行拟合，可以得到过去不同年份间隔研究区土壤全盐量增长速率与现年地下水埋深的数学关系，两者呈对数负相关，如图 3.12～图 3.14 所示。

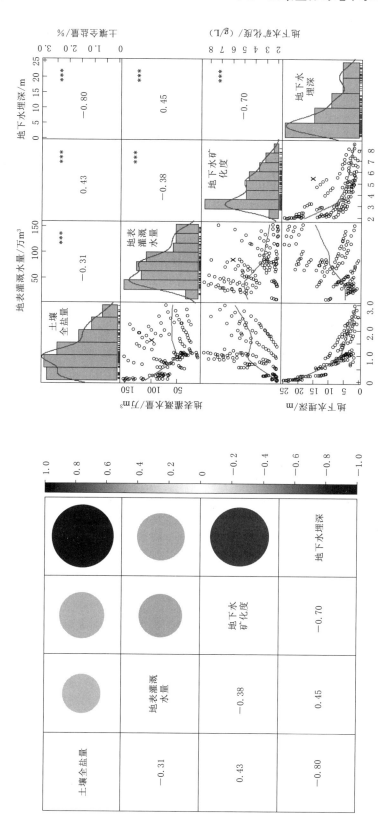

（a）皮尔逊(Pearson)系数

图3.11（一） 土壤盐渍化各要素间的相关系数

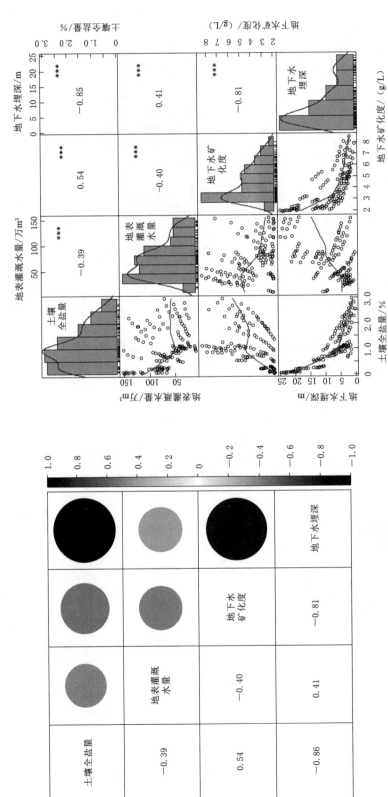

(b) 斯皮尔曼(Spearman)系数

图 3.11 (二) 土壤盐渍化各要素间的相关系数

彩图

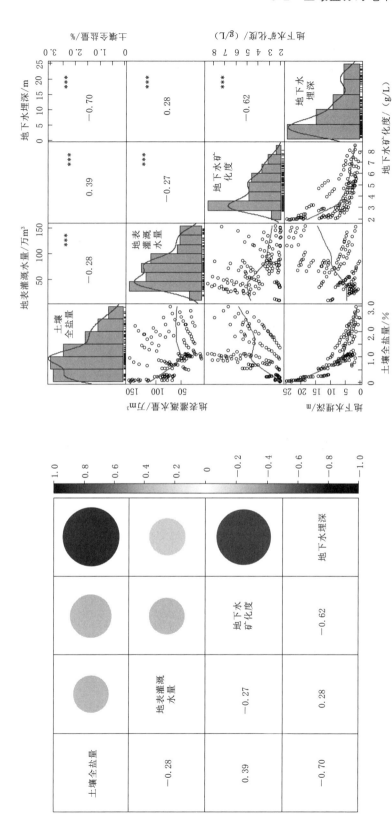

图 3.11 (三) 土壤盐渍化各要素间的相关系数

注 * 表示相关性的显著性水平，* * * 表示结果高度显著。

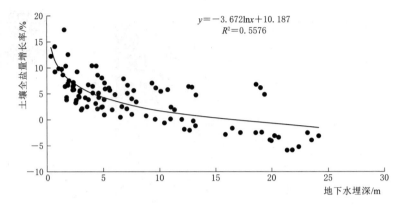

图 3.12　2006 年土壤全盐量 5 年增长率与地下水埋深关系

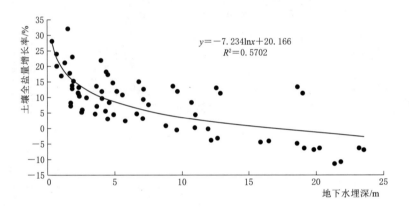

图 3.13　2011 年土壤全盐量 10 年增长率与地下水埋深关系

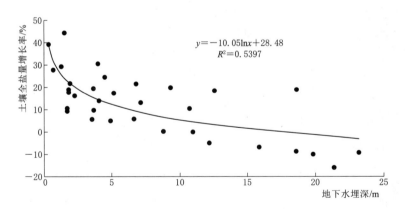

图 3.14　2016 年土壤全盐量 15 年增长率与地下水埋深关系

　　将已有实测点位土壤全盐量及地下水埋深带入所得数学关系式进行预测精度评价，得表 3.9，分析发现所得数学关系式对土壤全盐量增长率预测时 R^2 在 0.8 以上，满足预测需要，因此可以通过所得关系式对土壤全盐量增长率进行预测。具体数学关系式如下：

$$y = -3.672\ln x + 10.187 \tag{3.14}$$

$$y = -7.234\ln x + 20.166 \tag{3.15}$$

$$y = -10.05\ln x + 28.48 \tag{3.16}$$

式中：y 为土壤全盐量增长率，%；x 为预测年当年地下水平均埋深，m。

式（3.14）为 5 年间隔预测式，式（3.15）为 10 年间隔预测式，式（3.16）为 15 年间隔预测式。

表 3.9　　　　　　　　　　　土壤全盐量增长率误差

年份间隔/年	关系式	基准年	预测年	MAE/%	MRE/%	RMSE/%	R^2
5	$y = -3.672\ln x + 10.187$	2001	2006	1.381	3.973	1.836	0.8156
		2006	2011	1.644	1.194	1.876	0.8812
		2011	2016	1.783	0.621	2.271	0.8280
10	$y = -7.234\ln x + 20.166$	2001	2011	2.724	1.171	3.284	0.8947
		2006	2016	4.034	0.738	4.97	0.8347
15	$y = -10.05\ln x + 28.48$	2001	2016	4.373	1.536	5.264	0.8988

根据关系式可求出不同年份间隔的增长率，通过式（3.17）可以对各年份间隔后的土壤全盐量进行预测，即

$$Z = a(1 + b) \tag{3.17}$$

式中：Z 为预测所得土壤全盐量；a 为基准年土壤全盐量；b 为所求土壤全盐量增长率。

3.2.2.2　预测方法验证与优选

将研究区内实测的 10 个监测点数据作为实测值，以 2001 年、2006 年、2011 年三个年份作为基准年，2006 年、2011 年、2016 年作为预测年，通过将不同年限间隔的预测关系式进行组合，依次对 5 年后、10 年后、15 年后的土壤全盐量进行预测，将实测值与预测值进行比较，对精度进行评价，从中选出不同年份间隔的最优预测方法。

1. 5 年间隔土壤全盐量增长预测

进行 5 年间隔预测时采用 2001 年、2006 年、2011 年数据分别对 2006 年、2011 年、2016 年进行预测，如图 3.15～图 3.17 所示，误差统计见表 3.10。

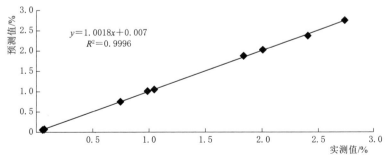

图 3.15　2006 年实测值与预测值对比

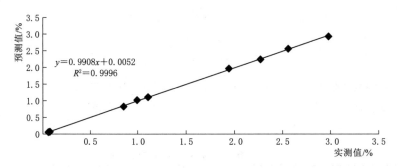

图 3.16　2011 年实测值与预测值对比

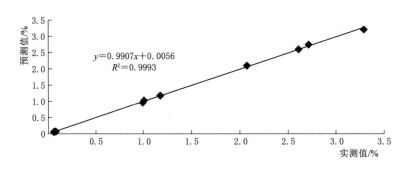

图 3.17　2016 年实测值和预测值对比

表 3.10　　　　　　　　　　　各 年 份 误 差 统 计

基准年	预测年	年份间隔/年	MAE/%	MRE/%	RMSE/%	R^2
2001	2006	5	0.015	0.020	0.020	0.9996
2006	2011	5	0.016	0.016	0.023	0.9996
2011	2016	5	0.021	0.020	0.032	0.9993

可以看出在 2006 年、2011 年和 2016 年各年份模拟值与实测值拟合较好，MAE 均在 0.020% 左右，R^2 均大于 0.9，取得了良好的预测效果，在研究区内可根据关系式对 5 年后土壤全盐量增长情况进行预测。

2. 10 年间隔土壤全盐量预测方法

进行 10 年间隔预测时可选择两种不同的预测方法：

（1）首先对基准年进行 5 年预测，以第一个 5 年预测结果为基准值再次进行 5 年预测，得到 10 年预测结果。

（2）直接对基准年进行 10 年预测。

方法（1）与方法（2）在所选两个年份进行预测时精度较为接近，且 R^2 均在 0.9 以上，两种方法均可对 10 年后的土壤全盐量进行预测，可根据预测需要进行选择。

采用 2001 年、2006 年数据分别对 2011 年、2016 年数据进行预测，预测结果见图 3.18～图 3.21 和表 3.11。

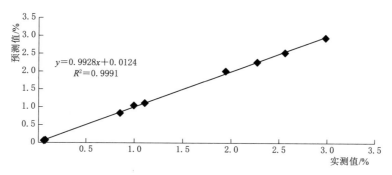

图 3.18 2011 年方法（1）实测值与预测值对比

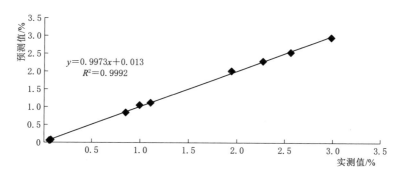

图 3.19 2011 年方法（2）实测值与预测值对比

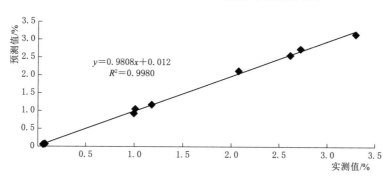

图 3.20 2016 年方法（1）实测值与预测值对比

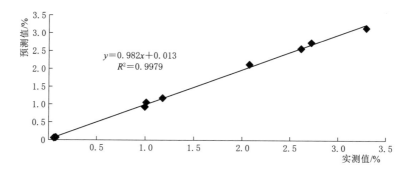

图 3.21 2016 年方法（2）实测值与预测值对比

表 3.11　　　　　　　　　　　　不同预测方法误差分析

基准年	预测年	年份间隔/年	预测方法	MAE/%	MRE/%	RMSE/%	R^2
2001	2011	10	(1)	0.022	0.026	0.031	0.9991
			(2)	0.022	0.026	0.031	0.9992
2006	2016	10	(1)	0.038	0.035	0.056	0.9980
			(2)	0.038	0.035	0.056	0.9979

3. 15 年间隔土壤全盐量预测方法

进行 15 年预测时有四种不同的预测方法：

（1）对基准年进行三次连续的 5 年预测。

（2）先进行一次 5 年预测，再进行一次 10 年预测。

（3）先进行一次 10 年预测，再进行一次 5 年预测。

（4）直接进行 15 年预测。

分析结果可知四种方法预测精度基本一致，R^2 都在 0.9 以上，均可对 15 年后土壤全盐量进行预测，可根据预测需要进行选择。

采用 2001 年数据对 2016 年进行预测，结果如图 3.22～图 3.25 和表 3.12 所示。

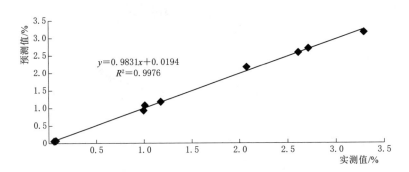

图 3.22　2016 年方法（1）实测值与预测值对比

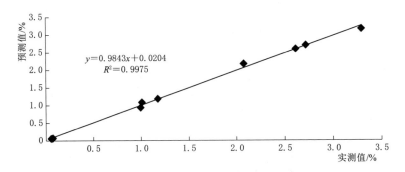

图 3.23　2016 年方法（2）实测值与预测值对比

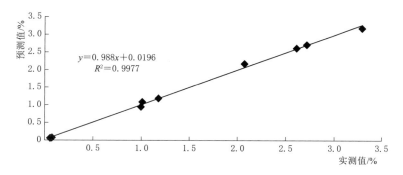

图 3.24　2016 年方法（3）实测值与预测值对比

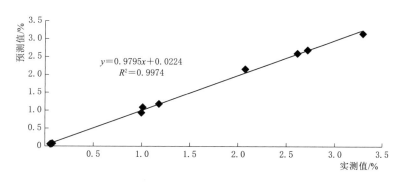

图 3.25　2016 年方法（4）实测值与预测值对比

表 3.12　　　　　　　　　　不同预测方法误差分析

基准年	预测年	年份间隔/年	预测方法	MAE/%	MRE/%	RMSE/%	R^2
2001	2016	15	（1）	0.041	0.040	0.058	0.9976
			（2）	0.040	0.040	0.059	0.9975
			（3）	0.036	0.038	0.056	0.9977
			（4）	0.041	0.038	0.061	0.9974

通过对不同关系式的组合验证，发现以 5 年为间隔的关系式精度最高，虽然也可直接对 15 年后的土壤全盐量进行预测，但是时间跨度过长，不便于对土壤全盐量发展进行阶段性研究。因此本书在预测时以 5 年为间隔对研究区 5 年后、10 年后、15 年后的土壤全盐量进行预测。

3.3　水文地质概化与地下水数值模拟

研究区为景电灌区的封闭型单元，具有独特的水文地质结构，经过长期的提水灌溉和水盐运移，形成了特有的水盐分异规律。这些规律的主导因素就是地下水埋深变化，通过建立区域地下水数值模型模拟预测研究区地下水动态变化，获取多年后的地下水埋深，为预测研究区未来土壤盐渍化变化提供支持。

3.3.1　研究方法

3.3.1.1　地下水数值模拟

地下水数值法主要应用于正演和反演两个方面,本次研究首先利用已知的地下水位变化,在野外试验的基础上对研究区含水层的地质参数进行校正和验证,得出最符合研究区地质情况的参数,再根据建立的模型预测未来地下水变化,具体流程如图 3.26 所示。

3.3.1.2　软件介绍

目前国内使用较为广泛的地下水模拟软件有 Visual MODFLOW、GMS、FEFLOW 等,本书选取操作较为简便、使用频次较高的 Visual MODFLOW 软件进行研究区地下水 数 值 模 拟。Visual MODFLOW 是 在 MODFLOW 的基础上结合可视化技术开发出的地下水数值模拟软件,软件利用有限差分法模拟三维地下水流,数值算法快速精确,可以自动产生各种单元网格,能够将模拟过程和输出结果直观地表现出来,便于读取和分析结果,可以更加高效地完成地下水模拟工作。

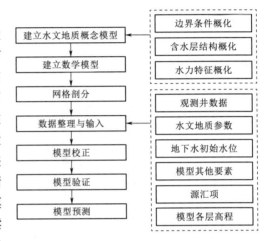

图 3.26　地下水数值模拟流程

运用 Visual MODFLOW 模型对研究区域地下水动态变化过程进行数值模拟:首先根据收集到的研究区域地形地貌及地质水文资料,确定模拟区域范围、划定模拟边界;然后根据研究目的与资料完整度对研究区域进行单元划分确定最小模拟计算单元,根据研究区域实际情况按照模型内各模块要求输入相关模块的参数进行模拟;最后对模型参数进行率定,将模拟值与实测值进行对比,分析各参数敏感性并对参数值进行调整,使得模型模拟结果能更好地反映研究区域地下水的动态变化特征,并利用建立好的研究区域地下水数值模型对未来地下水动态变化进行模拟预测分析。

3.3.1.3　数据来源及处理

地下水数值模拟主要需要 2001 年、2006 年、2011 年、2016 年研究区蒸发量、降水量、海拔、灌溉数据、耕地分布、水利设施分布等数据,依据表 3.13 对所需数据进行收集和处理。

(1) 蒸发量由微型蒸发测量仪、ϕ20 蒸发皿及气象站数据获取。

(2) 降水量由区域内布设的雨量监测设备、自动雨量气象站结合景泰气象站数据获取。

(3) 海拔数据由地理空间数据云网站下载 DEM 数据,在研究区内进行均匀的点位高程提取。

(4) 灌溉数据通过查阅灌区灌溉制度等纸质资料获取。

(5) 耕地分布由地理空间数据云网站下载各年遥感底图,进行坐标定义、图像配准及镶嵌剪裁。在 ArcGIS 10.2 Spatial Analyst 模块中采取 ISO 聚类分析、影像识别、结合实际土地利用情况通过最大似然分类提取研究区耕地数据。

（6）水利设施分布通过遥感数据进行识别，在研究区上进行空间定位标记。

表 3.13 数据来源及处理

数据名称	数 据 来 源	数 据 处 理	数据类型
降水量	雨量监测设备＋气象站数据	整理监测数据	矢量数据
蒸发量	微型蒸发测量仪＋ϕ20 蒸发皿＋气象站数据	整理监测数据	矢量数据
海拔	DEM 数字高程数据	ArcGIS－Spatial Analyst—提取分析—值提取至点	栅格数据
灌溉数据	灌区纸质资料	整理灌溉数据	矢量数据
耕地分布	遥感数据＋实地勘察	ArcGIS－Spatial Analyst—ISO 聚类—最大似然分类	栅格数据
水利设施分布	遥感数据＋实地勘察	空间定位	矢量数据

3.3.2 水文地质概念模型

3.3.2.1 边界条件概化

1. 垂向边界概化

由于研究区盐渍化主要受到潜水埋深影响，本模拟主要针对研究区潜水层，将地面线作为上边界，潜水层面概化为与外界产生水量交互的自由水面，潜水层底板作为下部隔水边界。研究区边界条件及海拔如图 3.27 和图 3.28 所示。

图例
—— 流入边界
—— 隔水边界

图 3.27 研究区边界条件

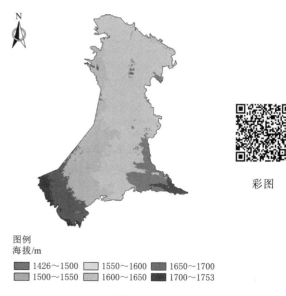

彩图

图例
海拔/m

1426～1500	1550～1600	1650～1700
1500～1550	1600～1650	1700～1753

图 3.28 研究区海拔

2. 侧向边界概化

选取的研究区域为景电灌区，一期工程中的封闭型地质单元部分，该区域被周边基岩围绕形成封闭型断陷盆地，内部无地表径流，地下水无法通过地下径流排出研究区，西部地区有相邻区域的地表灌溉水和降雨流入，研究区内部有排水沟用于排除额外的补给水，所需排水汇聚于东南处排出研究区。

3.3.2.2　含水层结构概化

研究区主要的地下水运动区域为潜水层，下部承压含水层几乎不受外部影响，因此，本模拟只考虑潜水层。潜水层厚度为 $50\sim100\text{m}$，利用 Surfer 软件根据 DEM 提取的数字高程数据和各点位埋深数据，通过插值得出地面高程图和潜水层顶部高程图，结合各点位地下水观测井深度和地质钻孔资料，插值生成潜水层底部高程图，将获得的各层高程网格文件（*.grd）导入 Visual MODFLOW 软件中。

3.3.2.3　水力特征概化

研究区含水层分布广且地下水运动符合达西定律，整个地下水系统的补排项随时间、空间的变化而变化，为非稳定流；含水层的地质参数随空间位置变化而变化，具有非均质性；经过综合分析将研究区内地下水流系统概化为三维、非均质、各向同性的非稳定流。

3.3.3　数值模拟模型

3.3.3.1　数值模拟模型的建立

根据研究区地质概念模型建立数学模型

$$
\begin{cases}
\dfrac{\partial}{\partial x}\left[K_x(H-Z)\dfrac{\partial H}{\partial x}\right]+\dfrac{\partial}{\partial y}\left[K_y(H-Z)\dfrac{\partial H}{\partial y}\right] \\
\quad +\dfrac{\partial}{\partial z}\left[K_z(H-Z)\dfrac{\partial H}{\partial z}\right]+W-E=\mu\dfrac{\partial H}{\partial t} & (x,y,z)\in\Omega,\quad t\geqslant 0 \\
H(x,y,z,t)\big|_{S_1}=f(x,y,z,t) & (x,y,z)\in S_1,\quad t\geqslant 0 \\
K(H-Z)\dfrac{\partial H}{\partial n}\Big|_{S_2}=q(x,y,z,t) & (x,y,z)\in S_2,\quad t\geqslant 0 \\
H(x,y,z,0)\big|_{t=0}=h_0 & (x,y,z)\in\Omega
\end{cases}
\tag{3.18}
$$

式中：K_x、K_y、K_z 分别为各方向的渗透系数，m/d；H 为含水层水位，m；Z 为含水层底板高程，m；W 为含水层补给强度，m/d；E 为蒸发排泄强度，m/d；h_0 为含水层初始水位，m；q 为补给排泄量，m/d；S_1 为河流边界；S_2 为流入边界、流出边界及隔水边界；Ω 为渗流区域；n 为边界外法线方向。

3.3.3.2　数值模拟模型的求解

1. 网格的划分

研究区模拟面积约为 320km^2，通过 Visual MODFLOW 对模拟区域进行网格剖分，将模拟区剖分为 $200\text{m}\times300\text{m}$ 的等间距单位网格，如图 3.29 所示，其中深色为非活动区，浅色为活动区。

2. 参数分区

结合研究区地形地貌等区域特征，将研究区划分为五个水文地质参数区域，通过查阅以前的地质资料、现场采样和试验分析，初步确定各区域的渗透系数和给水度。参数分区如图 3.30 所示，各参数初始值见表 3.14。

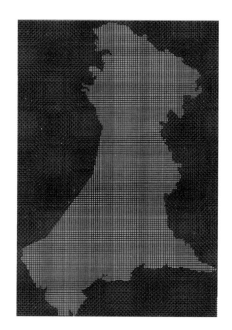

图 3.29 研究区网格剖分　　　　　图 3.30 研究区水文地质参数分区

表 3.14　　　　　　　　　　　　　渗透系数和给水度初始值

区　域	1	2	3	4	5
渗透系数/(m/d)	1.23	8.34	4.55	11.51	12.26
给水度	0.15	0.21	0.15	0.13	0.12

3. 源汇项输入

对研究区地下水的补给项和排出项进行分析。本区域的补给项主要有降水入渗补给、渠道渗漏补给、田间灌溉补给、侧向地面补给；排出项有潜水蒸发、排水沟排出。地下水模型源汇项示意如图 3.31 所示。

（1）降水入渗补给。大气降水会在地球重力作用下渗入土壤，通过土壤毛细管向下运动至含水层，补给地下水。

$$h_降 = \alpha P \tag{3.19}$$

式中：$h_降$ 为降水入渗补给，mm；α 为降水入渗系数；P 为区域降水量，mm。

（2）渠道渗漏补给。通过渠道将水输送至农田时，灌溉用水沿渠道线向周围渗漏，补给地下水。

$$q_渠 = mQ_渠 \tag{3.20}$$
$$m = \gamma(1-\eta) \tag{3.21}$$

式中：$q_渠$ 为渠道渗漏补给量，m^3/d；m 为渠道渗

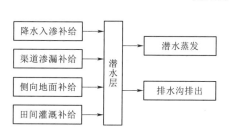

图 3.31 地下水模型源汇项示意

55

漏补给系数；$Q_渠$ 为渠首引水量，m^3/d；γ 为修正系数；η 为渠系有效利用系数。

（3）田间灌溉补给。灌溉水进入农田后，向下渗漏对地下水补给。

$$h_灌 = \beta_田 H_灌 \tag{3.22}$$

式中：$h_灌$ 为田间灌溉补给量，mm；$\beta_田$ 为田间灌溉补给系数；$H_灌$ 为灌溉水量，mm。

（4）侧向地面补给。降水、灌溉等地面来水由地势较高的地方汇聚流向地势低的地方，形成侧向地面补给，向下入渗补给地下水。

$$q_侧 = 0.001KB(H_灌 + h_降 - h_灌)\beta_田 \tag{3.23}$$

式中：$q_侧$ 为侧向地面补给，m^3/d；K 为土壤渗透系数，m/d；B 为边界长度，m；0.001 为单位换算系数。

（5）潜水蒸发。地下水因日照、气温等原因向上运动，通过土壤毛管蒸发进入大气。

$$E = \varepsilon(1 - h/H) \tag{3.24}$$

式中：E 为地下水蒸发量，mm；ε 为蒸发强度，mm；h 为地下水埋深，m；H 为地下水极限埋深，m。

（6）排水沟排出。未渗入地下的灌溉水及部分水位较高的地下水会通过排水沟排出研究区，根据收集到的灌区内各退水口的监测数据整理得出，m^3/d。

3.3.3.3 模型要素分析

研究区模型要素主要包括各年份耕地分布以及水利设施分布，前者用以确定田间灌溉补给区域，后者用以确定渠系渗漏补给路径和排水沟路径，通过遥感数据和现场踏勘可进行坐标定位，确定分布情况。

3.3.4 模型校正与验证

采用试估-校正法选取 2001 年数据对模型进行校正，选取 2006 年数据进行模型验证，检测建立的模型能否正确描述研究区地下水动态变化情况，地下水位预测结果精度是否满足要求。本次拟合情况除采用 MAE、MRE、RMSE、R^2 四个指标评价拟合精度外，针对后续土壤全盐量预测所需的地下水年均埋深，引入相对误差进行综合评价。

$$\Delta = |L - l| \tag{3.25}$$

$$\delta = \Delta/L \times 100\% \tag{3.26}$$

式中：Δ 为地下水年均埋深绝对误差，m；L 为地下水年均埋深实测值，m；l 为地下水年均埋深预测值，m；δ 为相对误差，%。

3.3.4.1 模型校正

以 2001 年 1 月 1 日的地下水位为初始水位对模型进行校正，将 2001 年 12 月 31 日的地下水位作为输出结果，模拟期为一个水文年。通过输出结果和实测数据的拟合情况对研究区模型的各个地质参数进行校正，确定模型的最终参数。为了检测模拟结果的准确性和方便拟合模型，选取 7 个地下水监测井为观测点，数值模型模拟结果各项精度评价指标见表 3.15，各监测井水位拟合结果如图 3.32～图 3.38 所示。2001 年年末水位线拟合图与各监测井水位拟合结果如图 3.39 与图 3.40 所示。

表 3.15   2001 年各监测井精度评价

监测井名称	MAE/m	MRE/m	RMSE/m	相对误差/%	R^2
一期总二支	0.007	0.002	0.008	0.072	0.9434
一期西六支	0.027	0.001	0.035	0.024	0.9246
石城村	0.074	0.008	0.092	0.331	0.9725
南滩八队	0.031	0.001	0.037	0.013	0.9645
城关一队	0.071	0.016	0.088	0.139	0.9851
宋梁一队	0.023	0.001	0.031	0.092	0.9191
马庄	0.175	0.013	0.237	0.769	0.8399

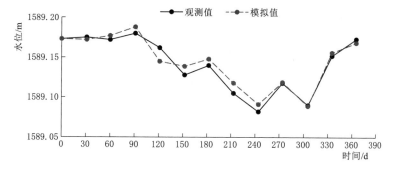

图 3.32 2001 年一期总二支地下水位预测值和实际值比较

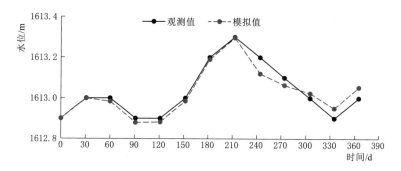

图 3.33 2001 年一期西六支地下水位预测值和实际值比较

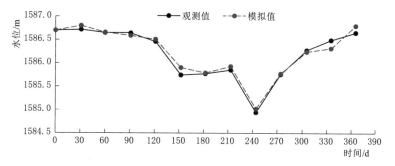

图 3.34 2001 年石城村地下水位预测值和实际值比较

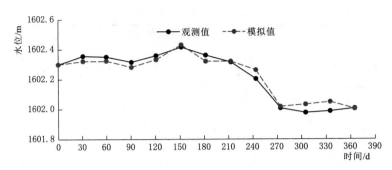

图 3.35　2001 年南滩八队地下水位预测值和实际值比较

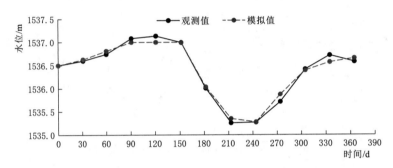

图 3.36　2001 年城关一队地下水位预测值和实际值比较

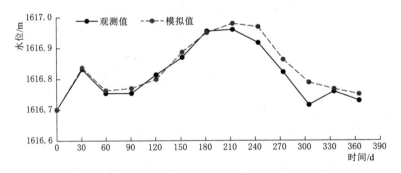

图 3.37　2001 年宋梁一队地下水位预测值和实际值比较

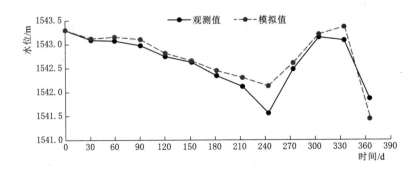

图 3.38　2001 年马庄地下水位预测值和实际值比较

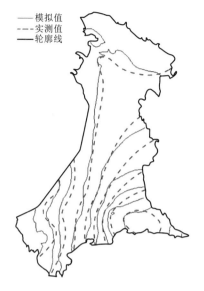

图 3.39　研究区 2001 年年末
水位线拟合图

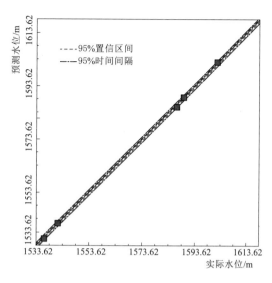

图 3.40　各监测井 2001 年年末水位拟合结果

彩图

分析表 3.15 和图 3.32～图 3.40 可知,各监测井在识别期预测水位与实际水位拟合情况较好,平均绝对误差最大值为 0.175m,平均相对误差最大值为 0.016m,均方根误差最大值为 0.237m,年均埋深最大相对误差 0.769%,R^2 均在 0.8 以上,模拟结果较好。通过对输出的年末地下水流场和地下水位进行比较,可以看出整体地下水位较为一致,该模型在识别期对地下水埋深年末值预测较为准确。

3.3.4.2　模型验证

以 2006 年 1 月 1 日的地下水位为初始水位对模型进行验证,2006 年 12 月 31 日作为输出结果,模拟期为一个水文年。采用经过调整后的参数分区和地质参数,通过输出结果和实测数据的拟合情况对研究区地下水模型精度进行判断。

数值模型模拟结果各项精度评价指标见表 3.16,选取的 7 个地下水监测井水位拟合结果如图 3.41～图 3.47 所示。2006 年年末水位线拟合图与各监测井水位拟合结果如图 3.48 与图 3.49 所示。

表 3.16　　　　　　　　　　　2006 年各监测井精度评价

监测井名称	MAE/m	MRE/m	RMSE/m	相对误差/m	R^2
一期总二支	0.149	0.104	0.155	1.449	0.6648
一期西六支	0.177	0.007	0.221	0.707	0.9932
石城村	0.134	0.016	0.139	1.589	0.8151
南滩八队	0.174	0.007	0.186	0.575	0.6777
城关一队	0.184	0.049	0.219	3.270	0.6178
宋梁一队	0.045	0.002	0.050	0.207	0.8518
马庄	0.126	0.010	0.131	0.507	0.7184

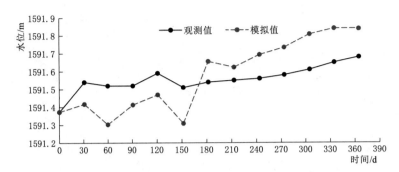

图 3.41　2006 年一期总二支地下水位预测值和实际值比较

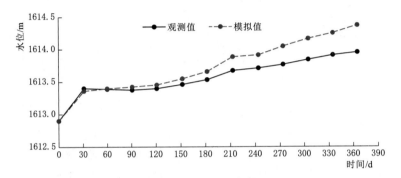

图 3.42　2006 年一期西六支地下水位预测值和实际值比较

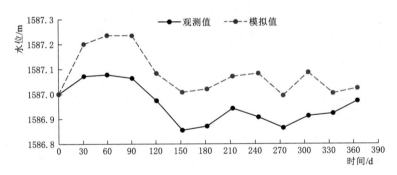

图 3.43　2006 年石城村地下水位预测值和实际值比较

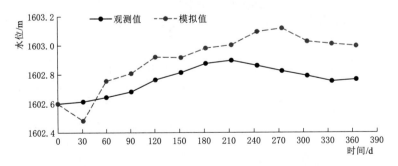

图 3.44　2006 年南滩八队地下水位预测值和实际值比较

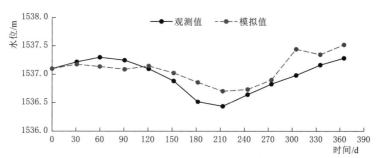

图 3.45 2006 年城关一队地下水位预测值和实际值比较

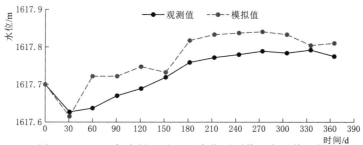

图 3.46 2006 年宋梁一队地下水位预测值和实际值比较

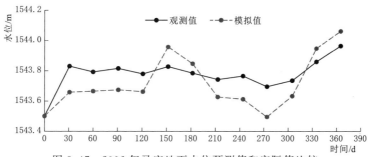

图 3.47 2006 年马庄地下水位预测值和实际值比较

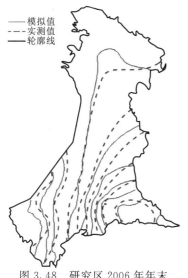

图 3.48 研究区 2006 年年末
水位线拟合图

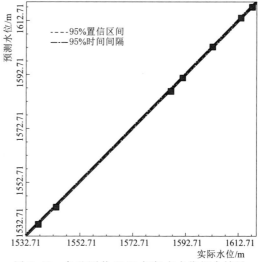

图 3.49 各监测井 2006 年年末水位拟合结果

彩图

分析表 3.16 和图 3.41～图 3.49 可知,在识别期各监测井预测水位与实际水位拟合情况较好,整体地下水流场较为一致,平均绝对误差最大值为 0.184m,平均相对误差最大值为 0.104m,均方根误差最大值为 0.221m,年均埋深最大相对误差为 3.270%,R^2均在 0.6 以上,模拟结果较好。通过软件输出的年末地下水流场和地下水位进行比较,可得出整体地下水流场较为一致,该模型在验证期对地下水埋深年末预测值较为准确。

经过验证该模型预测精度符合研究需要,可以对地下水动态变化进行预测。确定后的参数值见表 3.17,经过调整后的模型参数与实测参数相差不大,该模型的水文地质条件与实际情况基本相符,具有合理性。

表 3.17　　　　　　　　　　渗透系数和给水度最终值

区　域	1	2	3	4	5
渗透系数/(m/d)	1.65	8.12	4.31	10.15	13
给水度	0.15	0.20	0.13	0.15	0.1

3.4　水盐发展未来情景构建

3.4.1　气候情景

由于研究区地处西北干旱地区,降水量与蒸发量相差巨大,且在进行地下水模拟时,补给项主导因素为地表灌溉水,降雨补给占年补给量的比重较小,因此降雨因素对于模拟结果整体影响较小。所以本次预测采用研究区多年平均降雨量作为每年的气候条件输入。灌溉水量按照甘肃省景泰川电力提灌水资源利用中心制定的灌溉定额输入,对研究区 2026 年和 2031 年的地下水进行预测。为保证未来情景构建的合理性,采取 2011 年 1 月 1 日的地下水位为初始水位,2016 年 12 月 31 日的地下水位为输出结果,模拟期为 6 个水文年。数值模型模拟结果各项精度评价指标见表 3.18,选取的 7 个地下水监测井水位拟合结果如图 3.50～图 3.56 所示。2016 年年末水位线拟合图与各监测井水位拟合结果如图 3.57 与图 3.58 所示。

表 3.18　　　　　　　　　2016 年各监测井地下水位精度评价

监测井名称	MAE/m	MRE/m	RMSE/m	相对误差/%	R^2
一期总二支	0.246	1.598	0.275	1.29	0.6352
一期西六支	0.051	0.002	0.061	0.145	0.9101
石城村	0.273	0.034	0.311	3.074	0.7966
南滩八队	0.385	0.014	0.401	1.484	0.7219
城关一队	0.311	0.129	0.317	3.336	0.6655
宋梁一队	0.110	0.006	0.126	0.083	0.7944
马庄	0.382	0.038	0.417	3.839	0.8130

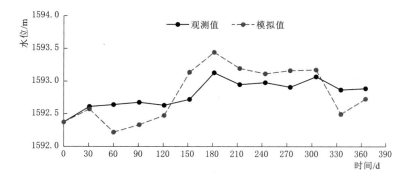

图 3.50 2016 年一期总二支地下水位预测值和实际值比较

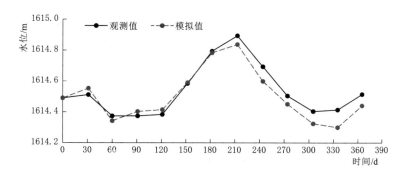

图 3.51 2016 年一期西六支地下水位预测值和实际值比较

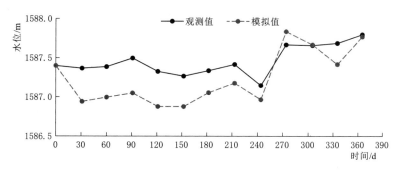

图 3.52 2016 年石城村地下水位预测值和实际值比较

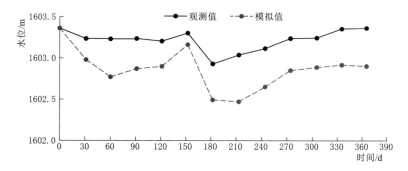

图 3.53 2016 年南滩八队地下水位预测值和实际值比较

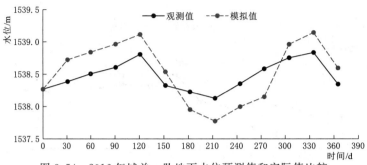

图 3.54　2016 年城关一队地下水位预测值和实际值比较

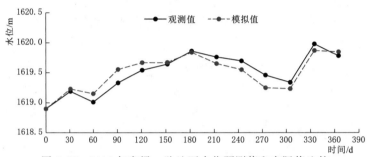

图 3.55　2016 年宋梁一队地下水位预测值和实际值比较

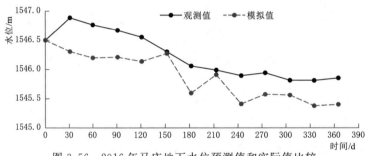

图 3.56　2016 年马庄地下水位预测值和实际值比较

图 3.57　研究区 2016 年年末
水位线拟合图

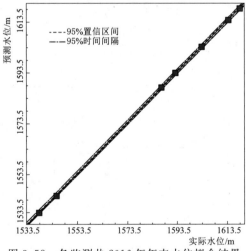

图 3.58　各监测井 2016 年年末水位拟合结果

彩图

分析表 3.18 和图 3.50~图 3.58 可知，在识别期各观测井预测水位与实际水位拟合情况较好，整体地下水流场较为一致，平均绝对误差最大值为 0.385m，平均相对误差最大值为 1.598m，均方根误差最大值为 0.417m，年均埋深最大相对误差为 3.839%，各监测井年均埋深相对误差均小于 10%，R^2 均大于 0.6，模拟结果较好。输出的年末地下水流场和地下水位比较结果表明整体地下水流场较为一致，对地下水埋深年末预测值较为准确，预测精度满足预测要求，因此可以将多年平均气候作为未来气候条件输入进行地下水预测。

3.4.2　人类活动变化

通过 ArcGIS 对研究区影像数据遥感解译分析，得出研究区各年份耕地分布情况和耕地面积占比。分析图 3.59 和表 3.19 可知，研究区内耕地大部分集中在西北部、中部、西南部地区，其余少部分沿灌溉渠道和排水沟分布；研究区在 2001 年耕地面积占比仅为

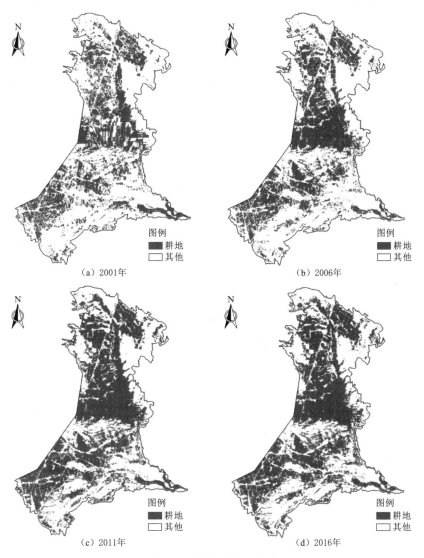

图 3.59　各年份耕地分布

28.39%，由于提水工程对灌溉水资源的大量供给，区域农业规模扩大，随着时间推移耕地面积也逐渐增加，2011 年耕地面积占比已经达到 37.44%，随后耕地面积发展变慢，至 2016 年耕地面积占比为 39.08%；过去 15 年间研究区整体耕地面积发展呈增长趋势，2001—2011 年增速较快，耕地面积占比每年约增长 1%，2011—2016 年增速已趋于平稳，5 年间只增长了 1.64%。根据上述分析可假设在接下来 15 年内研究区耕地面积及空间分布情况不会发生突变，故本次预测假定未来 15 年间耕地面积不变，耕地分布情况参照 2016 年。

表 3.19　　　　　　　　　　　　各年份耕地面积占比

年　　份	2001	2006	2011	2016
耕地面积占比/%	28.39	32.89	37.44	39.08

3.5　水盐分异特征动态预测

3.5.1　预测分析

3.5.1.1　地下水埋深预测分析

将所确定的气候情景及人类活动变化的未来情景带入建立的 Visual MODFLOW 模型进行模拟，可得到景电灌区封闭型地质单元 2026 年和 2031 年的地下水流场分布情况，提取各插值点位的地下水埋深数据，通过 Surfer 软件进行插值即可获得 2026 年和 2031 年地下水埋深特征值（表 3.20）及地下水埋深空间分布（图 3.60）。

表 3.20　　　　　　　　　　地下水埋深各年份特征值　　　　　　　　　单位：m

年　　份	最大值	最小值	平均值
2016	25.874	0.163	7.565
2021	25.401	−0.075	7.085
2026	24.786	−0.172	6.227
2031	24.083	−0.258	5.051

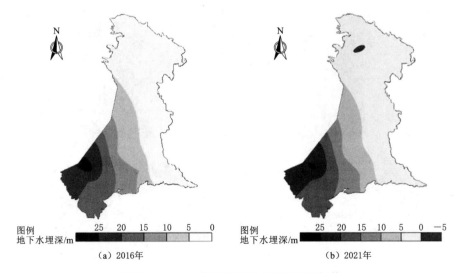

图 3.60（一）　各年份地下水埋深空间插值

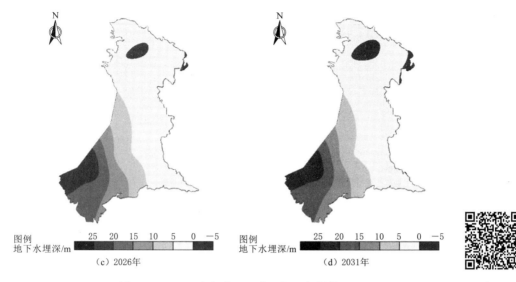

图例
地下水埋深/m

（c）2026年

图例
地下水埋深/m

（d）2031年

图 3.60（二） 各年份地下水埋深空间插值 彩图

分析表 3.20 和图 3.60 可知，研究区整体地下水埋深空间分布特征没有发生改变，埋深依旧是由西向东逐渐减小。2016—2031 年研究区埋深在 0～5m 的区域不断扩大，到 2031 年已超过研究区域面积的一半，至 2031 年地下水溢出地表最大值增长到了 0.258m，地下水溢出区域面积也在不断增加；埋深在 25m 以上的区域不断减小，至 2031 年埋深在 25m 以上的区域已消失不见，最大埋深值减少到了 24.083m。根据预测，区域地下水埋深平均值相较于 2016 年减少了 2.514m，研究区地下水埋深呈减小趋势，地下水位持续上升。

3.5.1.2 土壤盐渍化预测分析

在地下水埋深图中读取 2026 年和 2031 年土壤全盐量各点位对应的地下水埋深数值，依据关系式对 2026 年和 2031 年的土壤全盐量进行预测，并进行空间插值分析，可得研究区各年份土壤全盐量特征值（表 3.21）、不同盐渍化程度土壤面积占比（表 3.22）和各年份盐渍化土空间分布情况（图 3.61）。

表 3.21　　　　　　　　　　　土壤全盐量各年份特征值　　　　　　　　　　　%

年　　份	最大值	最小值	平均值
2016	3.214	0.043	1.205
2021	3.544	0.032	1.337
2026	3.894	0.015	1.498
2031	4.719	0.008	1.591

表 3.22　　　　　　　　　各年份不同盐渍化程度土壤面积占比　　　　　　　　　%

年份	非盐渍化土	盐渍化土	轻盐土	中盐土	重盐土	特重盐土	盐沼
2016	26.212	33.212	39.395	1.181	0	0	0
2021	26.246	34.557	29.438	9.175	0	0	0.586

续表

年份	非盐渍化土	盐渍化土	轻盐土	中盐土	重盐土	特重盐土	盐沼
2026	25.911	30.722	25.547	15.498	0	0	2.322
2031	25.576	26.011	27.812	16.726	0	0	3.875

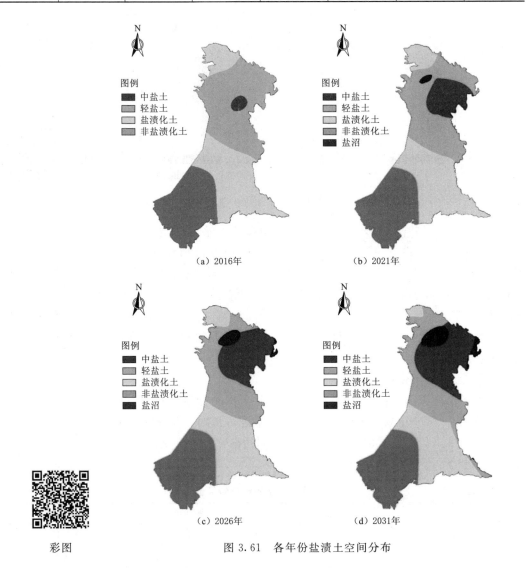

彩图

图 3.61　各年份盐渍土空间分布

分析表 3.21、表 3.22 和图 3.61 可知，研究区土壤全盐量由西南部至东北部逐渐增高。2016—2031 年，西南部非盐渍化土区域面积略有减小，但土壤全盐量最小值不断下降，到 2031 年仅有 0.008%；盐渍化土先增加后降低，面积占比从 33.212% 减少到 26.011%；轻盐土面积先降低后增加，面积占比从 39.395% 减少到了 27.812%；中盐土面积增加较大，到 2031 年面积占比达到 16.726%，中心处的土壤全盐量高达 4.719%。结合地下水埋深情况分析，2021 年在北部中西区域轻盐土与中盐土边界附近地下水溢出形成了小面积盐沼，2026 年中心区域盐沼面积占比增加 1.736%，西北部部分区域和东北部小部分区域也有盐沼形成，2031 年原有盐沼区域不断增大，在东南部边缘也出现了小区域盐沼，总面积占比将达到 3.875%。总的来看，研究区土壤全盐量增加迅速，区域平均值由 2016 年的 1.205% 增加到 2031 年的 1.591%，土壤盐渍化愈加严重，至 2031 年中盐土的面积占比是 2016 年的 14.2 倍，占据了大部分北部区域，对耕地造成了严重的破坏。

3.5.2 水盐调控建议

根据空间插值分析和预测结果可知，目前灌区存在东北部土壤盐渍化严重、灌区整体地下水埋深不断减小和地下水矿化度不断提升等水土环境问题，针对研究区存在的土壤盐渍化逐渐加重的问题，对研究区提出下列建议：

（1）加强灌排设施建设。对渠道进行更新改造，减少渠道渗漏，提升灌溉水利用率；在研究区地下水埋深较浅的位置均匀布设排水沟，加大现有排水沟深度，将多余的灌溉水和水位高的地下水排出研究区。

（2）优化灌溉方式。推广喷灌、滴灌等节水灌溉建设，减少灌溉水用量，提高用水效率；使用井渠结合的灌溉方式，在矿化度较低的区域开采地下水代替一部分外来引水进行灌溉，在矿化度较高的区域发展微咸水灌溉，或将高矿化度地下水注入渠道与外来引水混合，降低矿化度后使用。

（3）改良种植结构。多种植低耗水量作物，在发生盐渍化的区域实行生物治碱，种植枸杞等耐盐植物。

（4）因地制宜发展特色产业。在地下水埋深较浅和溢出地表的区域发展碱水养殖。

第 4 章

灌区水土环境脆弱性时空演化特征

4.1 水土环境脆弱性评价模型及系统构建

长期以来，人们所关注的重点是通过发展大面积的人工灌溉来开发干旱区长期荒芜的土地资源，以适应人口快速增长的需求。通过修建大型提水泵站解决了这些地区水资源长期短缺的问题，也建设和发展了许多高扬程灌区，从生态景观角度来看，这些灌区的建成使得原本天然荒漠的土地在水的滋养下形成了大片的人工绿洲，极大程度地提高了当地社会效益、经济效益和生态效益；在取得这些效益的同时也带来了一些局部区域的负面水土环境问题，如土壤盐碱化、土壤次生盐碱化、土地沙漠化、地下水质恶化、地下水位持续升高等环境问题，特别是灌区内大面积引水灌溉造成的水盐运移、重组和聚集所引起的区域水土环境的演化变迁已经由隐性逐渐变为显性。影响灌区水土环境脆弱性的因子很多，单从自然环境因子看，有环境自身决定的地形地貌因子，还有气候、降水等反映外部环境作用的因子，同时还应考虑植被覆盖度、土地利用类型等影响因子。总而言之，扬水灌区区域水土环境脆弱性是受当地独特的气候地理条件、人类社会的生产活动和自然环境影响的。因此人类社会和自然环境驱动机制是影响灌区水土环境脆弱性的两大机制，应该综合考虑这两方面的因子合理构建水土环境脆弱性评价模型。

4.1.1 评价指标体系的建立方法

4.1.1.1 评价指标选取原则

评价指标的选取应遵循科学性原则、综合性原则、代表性原则、可操作性原则和可比性原则。

1. 科学性原则

指标选取应能确保数据的科学性。对所研究的水土环境脆弱性问题应该有相应的理论依据，同时对研究区环境系统的现状、结构及内在联系有全面而深入的了解，遵从客观依据，与水土环境脆弱性评价主题相切合。

2. 综合性原则

选取评价指标应综合衡量诸多环境因素，各要素之间有着相互联系，是一个不可分割的整体。应根据水土环境脆弱性不同层级特征，多角度多维度地选取指标，保证指标体系的层次性和整体性。

3. 代表性原则

环境系统是一个能量和物质不断交换的有机体，有大量可以代表其脆弱性的因子，将它们全部罗列并不现实，因此应该联系水土环境脆弱性评价的共性和研究区特有的属性，有重点有目的地选取最具代表性、可真实代表环境脆弱程度的指标构建模型。

4. 可操作性原则

在选取评价指标时，既要考虑指标的系统性、全面性和客观性，还要考虑数据的可获得性和可操作性，可以实现数据的空间量化，评价指标体系简单且能实现，评价结果具有指导价值。

5. 可比性原则

指标选取应能反映研究区不同地区随时间变化的空间表现，并能分析不同地区在某一时间点上环境系统对人类和自然因子干扰强度的响应程度，以实现区域水土环境脆弱性的横向对比；另外，指标选取应具备时间序列的纵向可对比性，可以反映水土环境脆弱性的时间和空间变化规律。

4.1.1.2 评价指标选取依据

结合研究区实际状况，根据以上评价指标体系建立的原则与依据。土壤盐碱化是景电灌区最主要、最突出的环境问题，因此选取的指标应该充分反映灌区土壤盐碱化状况。

1. 地形条件

景电灌区位于甘肃省中部干旱地区，由于地质构造、地形地貌和长期的侵蚀风化作用，灌区的景观类型十分丰富多样，有高山、低谷、丘陵、倾斜平原、山间盆地等。灌区地势整体为沿西南坡向东北，上部坡度约 3.33%，下部平坦连片，坡度约 1%。灌区耕地的上层土壤类型以荒漠灰钙土为主，土壤表层有机质含量较低且土壤结构较松散，土壤内部毛管孔隙连续程度好且较丰富，有助于水、盐在土壤中的运动，在强烈的蒸发作用下，土壤深层盐分随毛管孔隙水运移至土壤表层，日积月累造成地表积盐。因此选取地形条件作为景电灌区水土环境脆弱性评价的指标因子之一。

2. 气候条件

气候作为水土环境演变和形成的重要驱动因素，环境的稳定性对气候变化有明显响应。景电灌区光热条件丰富，属于典型的大陆性气候，具有蒸发蒸腾量大而降雨量稀少的特点，夏季光照时间充足，冬季温度低而光照时间短，四季特征分明，夏冬两季多风，春秋适中，有利于农作物生长，因此选取气候条件作为景电灌区水土环境脆弱性评价的指标因子之一。

3. 土壤因素

景电灌区耕地的上层土壤类型主要是荒漠灰钙土，土壤表层有机质含量较低且土壤结构较松散，土壤内部毛管孔隙连续程度好且较丰富，有助于水、盐在土壤中的运动。土壤质地以沙壤和轻壤为主，物理性黏粒占 4.9%～26%，地表微有结皮，表层有机质含量 1.0%左右。土壤腐殖质层薄，有机质含量低，碳酸盐剖面不明显，碳氮值为 12～13；灌区主要的水土环境问题即为土壤盐碱化，土壤盐分又是反映土壤盐碱化的主要因子。因此，土壤也是影响景电灌区水土环境脆弱性的主要因子之一。

4. 地下水因素

景电灌区灌溉水转变为地下水的主要途径有输水管道渗漏、渠道和农田的土壤入渗等，长期以来，灌溉水通过这些途径不断改变和控制着灌区的地下水位和矿化度的变化。在长期的灌溉入渗作用下，灌区土壤表层积盐又脱盐的动态特征周而复始不断循环，灌溉水入渗补给地下水，在强烈的蒸腾和蒸发作用下，地下水又向上运移反馈补给土壤水，在这一反馈补给过程中，地下水中的盐分和土壤盐分也在不断转变，灌区耕地的土壤盐分也在不断变化。因此地下水特征也是影响景电灌区水土环境脆弱性的主要因子之一。

5. 植被覆盖因素

植被具有减缓径流、截流降水、净化空气、调节气候和涵养水源等重要的生态功能，与土壤、水分以及大气的联系十分密切，是环境演变中最主要和最敏感的因子，植被的变化会对其他环境因子的变化产生直接或间接的影响。植被覆盖度在一定程度上反映了一个区域生态环境的优劣，景电灌区植被表现为荒漠化草原景观，其特征是超旱生小灌木和旱生草本混合群，覆盖度较低，在空间分布上呈现很大差异，因此也导致区域环境质量在空间上的差异。

6. 土地利用类型

土地利用状况反映了人类社会对环境资源的开发利用水平，土地利用类型、利用的强度以及空间分布状况等在一定程度上也反映了环境系统脆弱性的高低，土地利用不合理或利用强度过大会致使地表覆被变差、土壤盐碱化加重等环境问题的加剧，因此，选取土地利用/覆被状况作为景电灌区水土环境脆弱性评价的指标因子之一。

4.1.1.3　评价指标体系

区域水土环境脆弱性评价是一个多层次驱动、多指标耦合的递阶分析问题。从评价指标体系因子层中多个指标因子的已知状态来评价上一层状态层指标因子的状态时，往往需要依据现场的实际情况，依据科学的理论及其关联函数建立综合评价模型进行评价。根据上述对研究区环境特征的定性分析，景电灌区的区域水土环境脆弱性评价过程包括"目标-状态-准则"三个层次，其中状态层主要包括土壤植被因子（Y_1）、地下水因子（Y_2）、地形因子（Y_3）及气候因子（Y_4）；而这些状态层因子又可以进一步划分为指标因子，包括土壤盐分（Z_1）、植被覆盖度（Z_2）、土地利用类型（Z_3）、地下水埋深（Z_4）、地下水矿化度（Z_5）、海拔（Z_6）、坡度（Z_7）、坡向（Z_8）、年均降水量（Z_9）和年均气温（Z_{10}）。综上，根据层次分析法中的逐层递阶原理，构建出分析区域水土环境脆弱性的"目标-状态-准则"多层次评价指标体系，如图 4.1 所示。

4.1.1.4　评价指标的获取与处理

1. 遥感影像预处理

遥感影像预处理是对遥感信息进行定量化分析和提取的基础，也是准确获得遥感信息的保证。并不能直接对原始数据进行遥感信息的分类和提取。因此，需要通过软件 ENVI5.3 对影像进行预处理，并通过相应步骤从中提取评价指标的相关数据。

2. 辐射校正

辐射校正是指由于外界影像数据在获取和传输过程中产生的系统的或随机的辐射畸变或失真而对遥感影像进行的校正，改正或消除由于辐射畸变或失真而引起的误差。辐射误

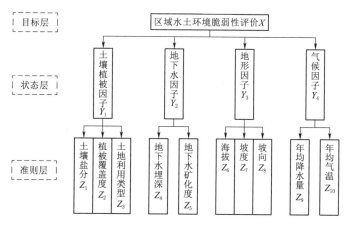

图 4.1　景电灌区水土环境脆弱性评价指标体系

差导致遥感影像的失真，会直接影响对图像的判读和解译，因而必须进行减弱或消除。辐射校正主要包括三个方面：①传感器的灵敏度特性导致的误差；②光热条件差异引起的误差；③大气散射和吸收引起的误差。校正的目的主要有两个方面：①最大程度地消除由传感器自身问题、迷雾和多云等大气条件、太阳位置和角度及一些噪声引起的传感器实际测量值与目标的光谱反射率或光谱辐射亮度等物理量之间的差异；②尽可能地恢复图像的原来面目，为图像的识别、分类和解译等工作奠定基础。

3. 几何校正

图像几何校正是指遥感在成像过程中，因为飞行器的高度、速度和飞行姿态以及地球自转等因素的影响，造成图像与地面目标的几何位置产生误差，这种误差表现为图像内像元相对地面目标的真实位置而产生偏移、挤压或扭曲等现象。图像的几何校正可以分为两类：第一类为几何粗校正，即由于畸变原因而进行的校正；第二类为几何精校正，指的是通过控制点进行的校正，是根据数学模型近似地表示遥感图像的几何畸变过程，利用标准地图与畸变的图像之间的一些对照点求得几何畸变模型，利用此模型进行几何校正。本书采用二次多项式纠正模型，选取的控制点为 15～20 个。

4. 影像增强

影像增强是根据研究目的，对遥感影像的像元灰度值通过某种变换，突出感兴趣的目标地物特征，使得影像内地物信息更加明显，有利于识别和分类。处理后的图像不一定与原图像一致，但是起到了有效辨认和分析的效果。影像增强有很强的针对性，一般结合具体的研究目的而采取不同的处理方法对图像进行转变。对于同一幅影像采取的处理方式不同，其增强效果也不同。本研究采用彩色增强。

4.1.2　评价方法

4.1.2.1　云理论改进层次分析模型

1. 层次分析法

层次分析法（analytic hierarchy process，AHP）顾名思义是根据研究的目标及问题进行分层，将研究目标分解成目标层、状态层和准则层，根据影响因子隶属性质和关系向

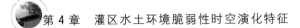

研究目标层层递进，构成一个多层次结构的分析模型。传统 AHP 中的 Satty 标度，需要打分专家在 1~9 之间选择一个整数来表示两个影响因子的相对重要性，Satty 标度定义见表 4.1。

表 4.1　传统 Satty 标度

两两比较	重要程度	标　度	两两比较	重要程度	标　度
X_i 比 Y_j	绝对重要	9	X_i 不如 Y_j	稍微重要	1/3
	强烈重要	7		明显重要	1/5
	明显重要	5		强烈重要	1/7
	稍微重要	3		绝对重要	1/9
X_i 和 Y_j	同等重要	1			

根据表 4.1 的打分原则，专家对两个评价因子进行重要性判断，并构造如表 4.2 所列的判断矩阵，而后计算该矩阵的最大特征值及特征向量，最后求得各评价指标的权重。

表 4.2　判　断　矩　阵

X_k	Y_1	Y_2	…	Y_n
Y_1	Y_{11}	Y_{12}	…	Y_{1n}
Y_2	Y_{21}	Y_{22}	…	Y_{2n}
⋮	⋮	⋮	⋮	⋮
Y_n	Y_{n1}	Y_{n2}	…	Y_{nn}

2. 云理论改进层次分析法

（1）不确定性云理论。云理论概念的整体特性可用云模型的三个特征数字来表征：期望 Ex、熵 En 和超熵 He，即 $C(Ex，En，He)$。期望 Ex 反映云滴分布的中心值；熵 En 描述云滴模糊性及离散程度，代表 Ex 的不确定性；超熵 He 是熵的熵，用于描述云滴凝聚度，代表 He 的不确定性。云模型中正态分布是最为重要，也是最有普适性的一种分布，故本书选取正态云模型。

假设有两个云模型 $C_1(Ex_1，En_1，He_1)$ 和 $C_2(Ex_2，En_2，He_2)$，令 $C=C_1/C_2$，则 $C(Ex，En，He)$ 可通过下式计算：

$$Ex=\frac{Ex_1}{Ex_2} \tag{4.1}$$

$$En=\left|\frac{Ex_1}{Ex_2}\right|\sqrt{\left(\frac{En_1}{Ex_1}\right)^2+\left(\frac{En_2}{Ex_2}\right)^2} \tag{4.2}$$

$$He=\left|\frac{Ex_1}{Ex_2}\right|\sqrt{\left(\frac{He_1}{Ex_1}\right)^2+\left(\frac{He_2}{Ex_2}\right)^2} \tag{4.3}$$

（2）云模型标度准则。传统的 AHP 中专家打分机制并不能完全摒除打分引起的离散性和不确定性，因此本书以传统 AHP 中的 Satty 标度为基础，引入云理论基本概念，构建基于云模型的水土环境脆弱性评价的标度准则。具体过程如下：

1）云模型标度定义。基于 Satty 的标度中两指标的重要性程度，可得到 9 个云模型，见表 4.3。

表 4.3 云 模 型 定 义

指标间相对重要程度	云 模 型	指标间相对重要程度	云 模 型
X_i 比 Y_j 稍微重要	$C_1(Ex_1, En_1, He_1)$	X_i 不如 Y_j 明显重要	$C_6(Ex_6, En_6, He_6)$
X_i 比 Y_j 明显重要	$C_2(Ex_2, En_2, He_2)$	X_i 不如 Y_j 强烈重要	$C_7(Ex_7, En_7, He_7)$
X_i 比 Y_j 强烈重要	$C_3(Ex_3, En_3, He_3)$	X_i 不如 Y_j 绝对重要	$C_8(Ex_8, En_8, He_8)$
X_i 比 Y_j 绝对重要	$C_4(Ex_4, En_4, He_4)$	X_i 和 Y_j 同等重要	$C_0(Ex_0, En_0, He_0)$
X_i 不如 Y_j 稍微重要	$C_5(Ex_5, En_5, He_5)$		

2）云模型特征参数确定。

a. 期望 Ex。根据 Satty 标度法则，可用 $Ex_1 = 9$、$Ex_2 = 7$、$Ex_3 = 5$、$Ex_4 = 3$、$Ex_5 = 1/3$、$Ex_6 = 1/5$、$Ex_7 = 1/7$、$Ex_8 = 1/9$、$Ex_0 = 1$ 表示期望值。

b. 熵 En。由正态分布 $3En$ 原则，可得云模型 C_1、C_2、C_3、C_4、C_5、C_6、C_7、C_8 对应的熵分别为 $En_1 = 0.33$、$En_2 = 0.33$、$En_3 = 0.33$、$En_4 = 0.33$、$En_5 = 0.33/9$、$En_6 = 0.33/25$、$En_7 = 0.33/49$、$En_8 = 0.33/81$。

c. 超熵 He。超熵依据经验取值则有，云模型 C_1、C_2、C_3、C_4、C_5、C_6、C_7、C_8 对应的超熵依次为 $He_1 = 0.01$、$He_2 = 0.01$、$He_3 = 0.01$、$He_4 = 0.01$、$He_5 = 0.01/9$、$He_6 = 0.01/25$、$He_7 = 0.01/49$、$He_8 = 0.01/81$。

综上，所得云模型标度准则见表 4.4。

表 4.4 云 模 型 标 度 准 则

两两比较	重要程度	标度云模型	两两比较	重要程度	标度云模型
X_i 比 Y_j	绝对重要	$C_4(9, 0.33, 0.01)$	X_i 不如 Y_j	稍微重要	$C_5(1/3, 0.33/9, 0.01/9)$
	强烈重要	$C_3(7, 0.33, 0.01)$		明显重要	$C_6(1/5, 0.33/25, 0.01/25)$
	明显重要	$C_2(5, 0.33, 0.01)$		强烈重要	$C_7(1/7, 0.33/49, 0.01/49)$
	稍微重要	$C_1(3, 0.33, 0.01)$		绝对重要	$C_8(1/9, 0.33/81, 0.01/81)$
X_i 和 Y_j	同等重要	$C_0(1, 0, 0)$			

3）云模型权重。根据表 4.4 所列云模型标度准则，对灌区水土环境脆弱性评价指标进行两两重要性比较，并构建判断矩阵 $(\boldsymbol{R}_{ij})_{n \times n}$，最后通过方根法求解水土环境脆弱性评价指标的权重，云模型权重 $W_i(Ex_i, En_i, He_i)$ 计算公式如下：

$$Ex_i = \frac{\left(\prod_{j=1}^{n} Ex_{ij}\right)^{\frac{1}{n}}}{\sum_{i=1}^{n}\left(\prod_{j=1}^{n} Ex_{ij}\right)^{\frac{1}{n}}} \tag{4.4}$$

$$En_i = \frac{\left[\prod\limits_{j=1}^{n} Ex_{ij} \sqrt{\sum\limits_{j=1}^{n}\left(\dfrac{En_{ij}}{Ex_{ij}}\right)^2}\right]^{\frac{1}{n}}}{\sum\limits_{i=1}^{n}\left[\prod\limits_{j=1}^{n} Ex_{ij} \sqrt{\sum\limits_{j=1}^{n}\left(\dfrac{En_{ij}}{Ex_{ij}}\right)^2}\right]^{\frac{1}{n}}} \tag{4.5}$$

$$He_i = \frac{\left[\prod\limits_{j=1}^{n} Ex_{ij} \sqrt{\sum\limits_{j=1}^{n}\left(\dfrac{He_{ij}}{Ex_{ij}}\right)^2}\right]^{\frac{1}{n}}}{\sum\limits_{i=1}^{n}\left[\prod\limits_{j=1}^{n} Ex_{ij} \sqrt{\sum\limits_{j=1}^{n}\left(\dfrac{He_{ij}}{Ex_{ij}}\right)^2}\right]^{\frac{1}{n}}} \tag{4.6}$$

式中：Ex_i 为评价结果的中心值；En_i 为评价结果的不确定度值；He_i 为 En_i 的不确定度值；$i(i=1,2,3,\cdots,n)$ 为判断矩阵 $(R_{ij})_{n\times n}$ 的行数；$j(j=1,2,3,\cdots,n)$ 为判断矩阵 $(R_{ij})_{n\times n}$ 的列数。

4.1.2.2　指标标准化处理

由于评价指标在量纲和数值之间均存在差异，因此不能直接对各个指标进行叠加计算。故而，在评价指标数据收集的基础上对其量纲和数值进行标准化处理是必需的。在众多研究中，使用较多的标准化方法主要有分等级赋权法和极差法，前者偏主观，后者偏客观。分等级赋权法适用于某些指标无法直接进行定量描述的研究，一般是根据国家相对应的标准、行规或实际需求，对一些定性指标定量化描述；极差法则主要针对可直接进行定量描述的指标，该方法根据指标属性选取合适的数学模型进行标准化处理，鉴于本书中所有指标均为连续变化且可定量表达，因此选取极差法进行标准化处理。

应用极差法进行指标标准化时，需要考虑指标属性对水土环境脆弱性的影响。若指标与水土环境脆弱性呈正相关关系，即指标值增大，相应的环境脆弱度也越严重，若指标与水土环境脆弱性呈现负相关关系，则有指标值增大，而脆弱度减轻。本书中各指标与水土环境脆弱度的相关关系见表4.5。

表 4.5　　　　　　　　　指标因子与水土环境脆弱性的相关关系

目　标	指标因子	相对关系	目　标	指标因子	相对关系
景电灌区水土环境脆弱性评价	年均降水量	负相关	景电灌区水土环境脆弱性评价	地下水埋深	负相关
	年均气温	负相关		地下水矿化度	正相关
	海拔	负相关		土壤盐分	正相关
	坡度	正相关		植被覆盖度	负相关
	坡向	正相关		土地利用类型	负相关

根据表4.5中相关关系运用极差法进行标准化处理，当指标因子与水土环境脆弱性正相关时利用式（4.7），当指标因子与水土环境脆弱性成负相关时则用式（4.8），即

$$X'_i = (X_i - X_{i\min})/(X_{i\max} - X_{i\min}) \tag{4.7}$$

$$X'_i = 1 - (X_i - X_{i\min})/(X_{i\max} - X_{i\min}) \tag{4.8}$$

式中：X'_i为第i个指标进行标准化后所得数值；X_i为第i个指标的真实值；X_{imax}、X_{imin}分别为第i个指标的真实最大值和最小值。

4.2 土地利用类型时空分异特征

4.2.1 土地利用分类系统

土地利用/覆被类型的变化是土地利用信息最为直观的表示，土地利用信息的准确提取依赖于土地利用分类系统的准确建立。虽然很多学者在土地利用分类方面做了很多研究，但针对不同研究区其覆被类型的特征也不一样，因此目前仍没有一个普遍适用于不同研究区和不同尺度的土地利用信息分类系统。

在国内外学者针对土地利用信息分类系统研究的基础上，本节通过调研景电灌区的实际情况以及依赖于遥感影像的精度，将景电灌区的土地利用类型确定为居民地、草地、戈壁、流动沙地、固定沙地、耕地、旱地、重度盐碱地、中度盐碱地和轻度盐碱地等。

4.2.2 影像分类方法

目前针对遥感影像的解译主要有目视解译法、非监督分类和监督分类三种方法。目视解译法顾名思义是通过实地调研，对地物信息进行分类的方法，其优点是分类精度高，很少有误差，而其缺点也十分明显，当研究区范围较大时，通过目视解译耗时耗力，工作量极大；非监督分类则是在未知样本信息的情况下，按照遥感影像自身的特点，由程序自动识别和归纳样本的统计特征，最后对像元进行分类的方法，缺点是分类精度较低，极易错分或漏分，其方法主要有 ISODATA 法、k-均值算法和分级集群法；监督分类又称训练分类法，通过选取一定数量的训练样本，统计出不同样本的特征信息，最后对各组训练样本和像元信息进行比较，根据分类器将像元分类至特征最相似的范围内，其主要方法有最大似然法、最小距离法、平行多面体法等；由于最大似然法是根据每个像元在各样本类别的归属概率进行分类，按照正态分布概率用最大值原则进行像元信息的分类，因此在遥感影像解译时可得到较高的解译精度。

综合以上方法的优缺点，本书在对遥感影像进行解译时，选择目视解译法和监督分类中的最大似然法，结合两者的优点对影像内信息进行准确解译。先通过最大似然法对土地利用类型进行分类，再参照相关的土地利用信息分类图及相关资料，在野外实地调研的基础上，采集每一种土地类型的特征信息，进行目视解译并记录，然后对最大似然法分类信息进行反馈修正，最终使得分类结果能够更加真实地接近研究区的实际土地利用情况。

4.2.3 土地利用类型解译标志

识别遥感影像上不同地物类型的特征信息是建立遥感影像解译标志的基础，也是对土地利用类型进行准确解译的关键。通过对遥感影像上不同地物类型的形状、色调、阴影以及纹理等相互关系进行分析，再结合野外实地采样，确定影像解译标志。本研究选择在春季进行实地调研，在灌水前土壤盐分表征更加明显，轻度盐碱地表观颜色为深灰色，中度盐碱地表观颜色介于灰色和白色之间，而重度盐碱地则表现为亮白色，耕地表观特征则为深褐色，沙地的表观特征为具有明显的边界清晰的白色纹理，较容易区分，戈壁在影像上表现为浅黄色，纹理较为复杂，居民地在影像上呈现为绿色与黑色相间，旱地表观特征为深灰色，纹理相对简单，草地则以墨绿为主色调，颜色均一且纹理清晰。

4.2.4 土地利用信息分类结果

通过目视解译结合最大似然法对遥感影像进行解译，获得了景电灌区 1994 年、2001年、2008 年和 2015 年四个时期的土地利用信息，如图 4.2 所示。利用 ArcGIS 10.2 统计功能将各土地利用类型面积进行提取，结果见表 4.6。

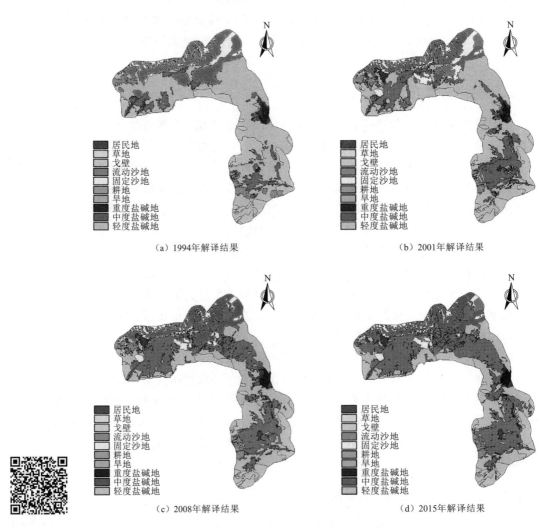

彩图

图 4.2 景电灌区四期土地利用类型分类

78

表 4.6   **1994—2015 年土地利用类型变化**

土地利用类型	1994 年		2001 年		2008 年		2015 年	
	面积/hm²	比例/%	面积/hm²	比例/%	面积/hm²	比例/%	面积/hm²	比例/%
重度盐碱地	865.24	0.29	895.15	0.29	954.28	0.32	914.65	0.30
中度盐碱地	1235.75	0.41	1428.51	0.47	1584.93	0.53	1128.54	0.37
轻度盐碱地	3215.51	1.07	3824.95	1.25	3654.89	1.22	2924.35	0.97
居民地	450.98	0.15	1352.84	0.44	1385.97	0.46	1423.68	0.47
耕地	60584.58	20.15	84368.7	27.60	96485.2	32.18	117258.65	38.90
草地	72651.85	24.16	69543.8	22.75	65579.28	21.88	61856.47	20.52
旱地	8851.70	2.94	8462.81	2.82	7596.28	2.53	6827.94	2.27
戈壁	102645.41	34.13	85349.14	27.92	75369.48	25.14	64382.78	21.36
固定沙地	18542.68	6.17	20654.82	6.76	18236.79	6.08	16358.17	5.43
流动沙地	31652.51	10.53	29654.28	9.70	28967.25	9.66	28364.82	9.41

由表 4.6 可知，1994 年戈壁在整个研究区域所占面积比率最大，高达 34.13%，研究区耕地所占面积比率只有 20.15%，在灌区建成以来，经过多年的提水灌溉和人工垦殖，研究区耕地的扩张和戈壁、草地及旱地的收缩形成了鲜明对比，戈壁由 1994 年的 102645.41hm² 收缩为 2015 年的 64382.78hm²，草地由 1994 年的 72651.85hm² 收缩为 2015 年的 61856.47hm²，旱地由 1994 年的 8851.70hm² 收缩为 2015 年的 6827.94hm²，而耕地由 1994 年的 60584.58hm² 扩张为 2015 年的 117258.65hm²；在各土地类型中，沙地所占区域面积比例较小，主要是受当地的气象气候和地形地貌所形成的特定土地利用类型，且在当地人民一直以来通过植树造林改善当地气候的措施下，面积由 1994 年的 50195.19hm² 收缩为 2015 年的 44723.57hm²；虽然通过提水灌溉建设了大片的人工绿洲，但由于长期以来粗放和不合理的灌溉模式，灌区局部地区地下水位不断抬升，再加上当地独特的高蒸发低降雨的气象气候条件，使得土壤深层盐分在毛管作用下向土壤表层聚集，最终导致土地盐碱化或次生盐碱化面积不断增加，在 1994—2008 年期间，盐碱地面积呈现不断扩张的趋势，盐碱地主要区域位丁草窝滩镇和漫水滩乡的交接地带，且以轻度盐碱地为主，灌区盐碱地总面积由 1994 年所占面积的 1.77% 增加到 2008 年的 2.07%，而在 2008—2015 年期间，灌区开始提倡节水灌溉，大力发展沟灌、畦灌等节水灌水模式，合理控制灌水量，做到有灌有排，控制地下水位，同时有针对地对不同程度的盐碱地采取生物治碱、化学治碱和工程治碱等一系列措施进行综合治理，其扩张速率得到了有效控制，由 2008 年所占面积的 2.07% 缩小为 2015 年的 1.64%。

4.3 地形数据的提取

4.3.1 海拔

景电灌区由于地质构造、岩性和侵蚀强度的差异，灌区的地貌特征十分丰富，有高山、低山、丘陵、平原、山间盆地和台地等，整体地势走向由西南坡向东北。景电灌区海拔以1470～1600m分布面积最广，其面积约为65325hm²，占景电灌区总面积的36.4%；海拔2200m以上的面积最少，约为8958hm²，占灌区总面积的5%，如图4.3所示。

4.3.2 坡度

地表面任意一点的切平面与水平地面的夹角称为该点的坡度。坡度反映了地面的倾斜程度，是影响土地利用的重要因素。有研究表明生态脆弱性会随着坡度的增加而增加，但两者之间并非线性变化关系。景电灌区坡度范围在0°～25°，本研究中坡度分级结合景电灌区地形特征划分为0°～1°、1°～2°、2°～3°、3°～4°、4°～5°、5°～8°、8°～11°、11°～17°、17°～25°等9个等级，坡度分级结果如图4.4所示。

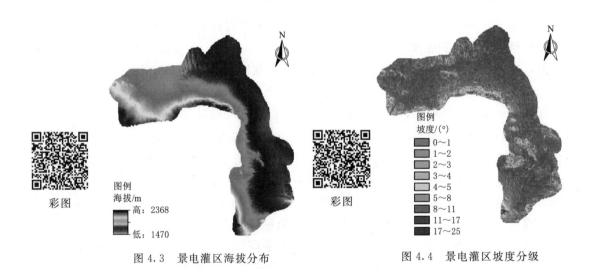

图4.3 景电灌区海拔分布　　　　图4.4 景电灌区坡度分级

4.3.3 坡向

坡向指地面一点的坡面法线在水平面上产生投影的方向与该点正北方向的夹角。坡向值规定为：以正北方向为0°，顺时针方向计算，取值范围为0°～360°，景电灌区坡向分级如图4.5所示。

图例
坡度/(°)
平面(−1)
北(0~22.5)
东北(22.5~67.5)
东(67.5~112.5)
东南(112.5~157.5)
南(157.5~202.5)
西南(202.5~247.5)
西(247.5~292.5)
西北(292.5~337.5)
北(337.5~360)

彩图

图 4.5 景电灌区坡向分级

4.4 植被覆盖时空分异特征

植被覆盖度是指植物的茎、枝和叶在地面的垂直投影面积占统计区域总面积的百分比，对衡量地表植被状况有着重要的影响。传统的植被覆盖度测量方法一般为实地测量，只适合在较小区域的研究，不宜进行大面积的测量。近年来随着遥感技术的突飞猛进，产生了新的技术对植被覆盖度进行计算，应用遥感影像计算得出的植被指数，同样可以较好地表征地表植被的分布状况。

4.4.1 像元二分模型

在估算影响植被覆盖过程领域，以下介绍的两种方法为应用最广泛的手段。

经验模型法：该法依据实测样本数据建立遥感信息及地表植被覆盖程度的经验模型。将其推行至研究区域内，以获得大范围内的植被覆盖度。

植被指数法：该法在分析光谱特征的基础上，通过植被指数与覆盖度之间的转换关系计算植被覆盖度。

本节充分考虑经验模型法虽在小范围内应用精度较高，但在较大范围内应用会存在各种限制，综合考虑之下选择归一化植被指数法计算该研究区内植被覆盖度。

归一化植被指数 NDVI 是反映植被生长及其空间分布的关键因子，可以较准确表征植物的生长及覆盖度。NDVI 表达式定义如下

$$\text{NDVI} = \frac{\rho_n - \rho_r}{\rho_n + \rho_r} \tag{4.9}$$

式中：ρ_n 表示为地表近红外（0.70~1.10μm）的反射值；ρ_r 表示为红光波段（0.40~0.70μm）的反射值。

归一化植被指数的理论值在 [−1，1]，但由于其在大气校正之下结果存在像元值为负值的情况，为使得像元值在合理区间内，将这些异常值进行处理，将 NDVI 值大于 1 的取值为 1，小于−1 的取值为−1，得到正常的归一化植被指数数据。

4.4.2　基于像元二分模型植被覆盖度的计算

根据 NDVI 数据，通过像元二分模型对该研究区内植被覆盖度进行计算，公式如下

$$f_c = (\text{NDVI} - \text{NDVI}_{\text{soil}}) / (\text{NDVI}_{\text{veg}} - \text{NDVI}_{\text{soil}}) \tag{4.10}$$

式中：$\text{NDVI}_{\text{soil}}$、$\text{NDVI}_{\text{veg}}$ 分别为无植被覆盖像元、完全被覆盖像元的归一化植被指数值。

因此，只要确定了 $\text{NDVI}_{\text{soil}}$ 和 NDVI_{veg} 则可以求得 f_c。但是，在实际的计算过程中，受到季节变化、植被类型、土壤特征和温度变化等影响，由于时空变化的特征，$\text{NDVI}_{\text{soil}}$ 及 NDVI_{veg} 不能通过土地利用类型和植被来获取定值/具体的值，故本次研究采用了近似值代替法计算 $\text{NDVI}_{\text{soil}}$ 和 NDVI_{veg}，首先在本研究区域内将 NDVI 累计概率分布直方图作为基础，置信区间设置为 5% 和 95% 的累计百分比，$\text{NDVI}_{\text{soil}}$ 及 NDVI_{veg} 有效值为对应区间的最大值和最小值。

4.4.3　植被覆盖度的划分

根据对本研究区内野外调查情况和植被特征，依照"全国沙漠类型划分原则"以及国家《土地利用现状调查技术规程》，结合本研究区内土地利用类型图及估算的植被覆盖度图，将该区域植被覆盖度分为极低（$f_c < 10\%$）、低（$10\% \leqslant f_c < 30\%$）、中（$30\% \leqslant f_c < 60\%$）和高（$f_c \geqslant 60\%$）四个等级。由于农田作物的播种及收获的时间不尽相同，依据其光谱特征获得农田的植被覆盖是很难的，故农田是特别的植被覆盖。因此，本书增加一类耕地植被，根据覆盖度分级情况将本研究区植被共划分为 5 类，见表 4.7。

表 4.7　　　　　　　　　　　景电灌区植被覆盖度分级

植被覆盖度分级	植被覆盖度	土地覆被特征
极低植被覆盖度	$f_c < 10\%$	沙地、戈壁、居民地等
低植被覆盖度	$10\% \leqslant f_c < 30\%$	稀疏草地
中植被覆盖度	$30\% \leqslant f_c < 60\%$	高覆盖度草地、林地和旱地
高植被覆盖度	$f_c \geqslant 60\%$	密林地、高覆盖度草地和旱地
耕地	—	水浇地

根据四期的遥感影像，首先对研究区耕地按照目视解译进行分区，之后运用密度分割法处理并生成植被覆盖度等级（图 4.6）。

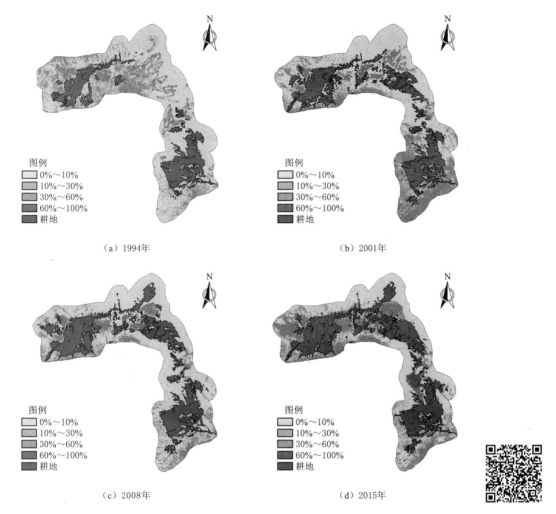

（a）1994年 　　　　　　　　　　　　　（b）2001年

（c）2008年 　　　　　　　　　　　　　（d）2015年

图 4.6　景电灌区四期植被覆盖度　　　　　　　　　　　彩图

利用 ArcGIS 软件分别统计 1994 年、2001 年、2008 年和 2015 年的不同植被覆盖度等级区域面积，见表 4.8。

表 4.8　　　　　　　　　　　　　景电灌区四期植被覆盖度变化

年　份	项　目	极低植被覆盖度	低植被覆盖度	中植被覆盖度	高植被覆盖度	耕地
1994	面积/hm²	183424.68	46908.61	1262.92	150.34	68949.65
	占比/%	61	15.6	0.42	0.05	22.93
2001	面积/hm²	163201.01	54184.71	3051.70	562.81	79695.97
	占比/%	54.27	18.02	1.02	0.19	26.5
2008	面积/hm²	130141.32	73189.45	4299.96	781.81	92283.66
	占比/%	43.28	24.34	1.43	0.26	30.69

续表

年　份	项　目	极低植被覆盖度	低植被覆盖度	中植被覆盖度	高植被覆盖度	耕地
2015	面积/hm²	83052.29	91832.62	5472.67	1112.57	119226.04
	占比/%	27.62	30.54	1.82	0.37	39.65

总体来看，景电灌区低植被覆盖度以下土地所占面积较大，但在 1994—2015 年期间，低植被覆盖度面积呈现不断缩小的趋势，由 1994 年所占总面积的 76.6% 逐渐减小为 2015 年的 58.16%，中植被覆盖度以上面积由 1994 年的 0.47% 增加为 2015 年的 2.19%，耕地面积由 1994 年的 22.93% 增加到 2015 年的 39.65%，扩张显著。

4.5　土壤盐分时空分异特征

灌区土壤类型主要由荒漠盐化灰钙土构成，土壤表层有机质含量较低，土壤内部结构连续程度好，毛管孔隙多有利于水盐的运移。土壤质地主要是轻壤和砂壤，部分区域地表有大量盐结皮，土壤盐渍化离子主要以硫酸盐和氯盐为主。

通过景电灌区历年土地调查报告和相关文献，得到研究区 1994 年、2001 年、2008 年和 2015 年内 0~100cm 土层内以 20cm 为等差的五组土壤含盐量，由于 100cm 以外土壤含盐量对研究结果并无显著作用，故选用研究区内 100cm 以内土壤并将其五组土壤含盐量进行叠加以得到灌区 100cm 内土层全盐量，用 100cm 内土层全盐量研究灌区土壤水盐分异进程。

利用 ArcGIS 中的 Spatial Analyst 模块将四期的土壤盐分数据进行空间插值，根据文献所优选的最优插值方法克里金指数函数插值得到土壤盐分的空间分布（图 4.7）。

从 1994 年土壤盐分分布可知，在这一时期，二期灌区的羊胡子滩至海子滩乡正处于荒地不断被开垦为耕地的过程，灌水时期短，土壤盐分较低；根据图 4.7（a）和（b），在 1994—2001 年期间，二期灌区荒地被大面积开垦，同时新开垦的耕地经过这一时期的灌溉，土壤盐分在局部区域有一个降低的趋势，由 1994 年的 0.6~0.8g/L 降低至 0~0.6g/L；在一期灌区的喜泉镇和四滩乡区域，由于这一时期的灌水洗盐，土壤盐分有一个逐渐降低的过程，由 1994 年的 0.5~0.7g/L 降低至 0~0.6g/L；根据图 4.7（c）和（d），在 2001—2008 年期间，因人类活动的加剧和长期的不合理灌溉模式导致土壤盐分剧增，从图例可以看出，由 2001 年土壤盐分最大范围为 2.0~2.3g/L 剧增至 2008 年的 2.9~3.2g/L；在 2008—2015 年期间，土壤盐分整体上又有下降趋势，2.6~3.2g/L 的区域面积明显减小，由成片区域变化为零散区域。

利用 ArcGIS 提取工具将景电灌区四个时期的土壤盐分特征值进行提取（表 4.9），根据土壤盐分最小值和最大值可知，灌区整体的土壤盐分是呈现逐渐增加的趋势，土壤盐分最小值由 1994 年的 0.0324g/L 增加至 2015 年的 0.0382g/L，增加了约 0.0058g/L，土壤盐分最大值由 1994 年的 1.2948g/L 增加至 2015 年的 3.1284g/L，增加了约 1.8336g/L，根据土壤盐分平均值，在 2008—2015 年，土壤盐分在这一时期呈现下降趋势。

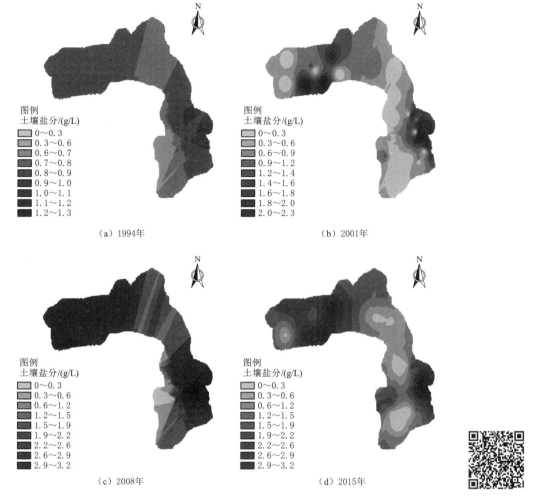

图 4.7　景电灌区四期土壤盐分空间分布变化

彩图

年　份	1994	2001	2008	2015
最小值	0.0324	0.0436	0.0496	0.0382
最大值	1.2948	2.2943	3.1871	3.1284
平均值	0.6817	1.5726	1.9864	1.9685

表 4.9　　　　　景电灌区四个时期的土壤盐分特征值　　　　　单位：g/L

4.6　地下水时空分异特征

4.6.1　地下水埋深

景电灌区水文地质单元可分为封闭型单元和开敞型单元两类，灌区水盐运移在两大单元内的变化又各具特点。根据灌区的水文地质条件，可以将灌区地下水埋深动态分为四类：

（1）灌溉排水型。灌区农田灌溉和排水均可导致农田附近区域的浅层地下水位动态变化，灌溉期水位迅速上升，在排水渠道附近由于排水，水位迅速回落。

（2）灌溉蒸发型。这一区域的汇水聚盐带和浅埋深区，地下水埋深主要受灌溉入渗和蒸发协同影响，地下水位变幅速率埋深增大而减小。

（3）水文蒸发型。研究区的荒地荒坡等区域地下水动态主要受控于大气降水补给和蒸发。

（4）人工开采型。在一些地下水水质良好的区域，地下水动态主要受人为开采影响，开采量的大小影响水位的高低。

通过查阅相关文献统计出灌区 1994 年、2001 年、2008 年和 2015 年的地下水埋深数据。结合空间插值理论，利用 ArcGIS 中的 Spatial Analyst 模块将四期的地下水埋深数据进行空间插值，根据已有学者所优选的最优插值方法克里金球面函数插值得到地下水埋深的空间分布，如图 4.8 所示。

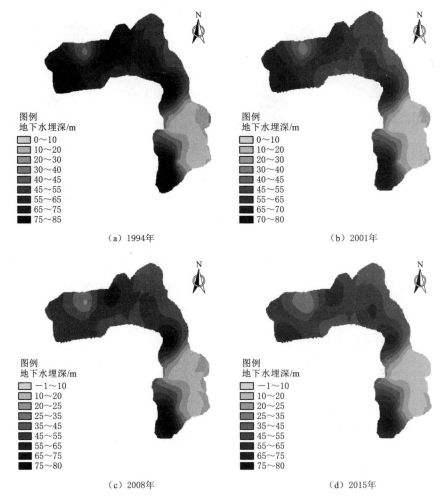

彩图

图 4.8　景电灌区四期地下水埋深空间分布变化

图 4.8 表明，灌区内地下水埋深总体呈现逐渐减小的变化趋势，变化最为明显的当属二期灌区内的开敞型水文单元羊胡子滩—大墩滩盆地和一期灌区的封闭型水文单元草窝滩—芦阳镇盆地，其中羊胡子滩的地下水埋深从 1994 年的 75～85m 减小为 2015 年的 65～55m，减小埋深约 10m，大墩滩盆地地下水埋深由 1994 年的 55～65m 减小为 2015 年的 45～55m，在二期灌区的羊胡子滩—海子滩埋深整体减小约 10m，而在封闭型水文地质单元的漫水滩—草窝滩，原来 65～80m 的区域埋深逐渐减小为 45～65m，芦阳镇地下水埋深为 0～10m 的区域不断扩张，导致周边区域埋深为 10～20m 的面积在 2015 年已近乎消失，喜泉镇地下水埋深 65～80m 的区域面积也在不断缩小。

利用 ArcGIS 提取工具将景电灌区四个时期的地下水埋深特征值进行采集，见表 4.10。

表 4.10　　　　　　　　　　　　　景电灌区地下水埋深特征值　　　　　　　　　　　单位：m

年　份	1994	2001	2008	2015
最小值	3.5781	3.1801	−0.2744	−0.3690
最大值	78.2584	74.1554	70.2103	68.9335
平均值	45.9219	42.3678	41.6029	37.7474

表 4.10 可知，灌区内地下水的埋深最小值 1994 年的 3.5781m 减小为−0.3690m，减小幅度为 3.9471m，埋深最大值由 1994 年的 78.2584m 减小为 2015 年的 68.9335m，减小幅度为 9.3249m，从这两个特征值可以看出，由于长期的有灌无排、灌排不合理以及大水漫灌和灌水定额过高等，灌区内部地下水补给量增加显著，地下水由灌区建成前的补给和排泄基本平衡或排泄量大于补给量的状况转变为灌区建成后的排泄量或开采量小于补给量的情况，最终导致部分区域的地下水埋深逐年减小。

4.6.2 地下水矿化度

景电灌区的封闭型水文地质单元由盆地中心向外围形成了潜水交替循环的溶质运移带、入渗径流带，又转化为潜水交替迟缓的汇水聚盐带，其典型区域为漫水滩—白墩子盆地，开敞型水文地质单元也形成溶质运移带、入渗径流带并向潜水排泄带运移。

灌区内地下水矿化度变化类型主要有脱盐型和相对稳定型两种。脱盐型区域主要分布在灌区的溶质运移带、灌溉入渗带及部分新垦耕地，在灌水入渗和排水作用下，地下水的矿化度逐年降低。相对稳定型区域主要位于灌区的封闭型水文地质单元，耕种年限较长的灌溉入渗带和汇水聚盐带，年际变化较小，在灌溉入渗作用下，一般表现为夏季和秋季矿化度相对较低，而春季和冬季矿化度相对较高。

通过查阅相关资料得到灌区内 1994 年、2001 年、2008 年和 2015 年的地下水矿化度数据。结合空间插值理论，利用 ArcGIS 中的 Spatial Analyst 模块对四期的地下水矿化度数据进行空间插值，根据文献所优选的最优插值方法克里金指数函数插值得到地下水矿化度的空间分布，如图 4.9 所示。

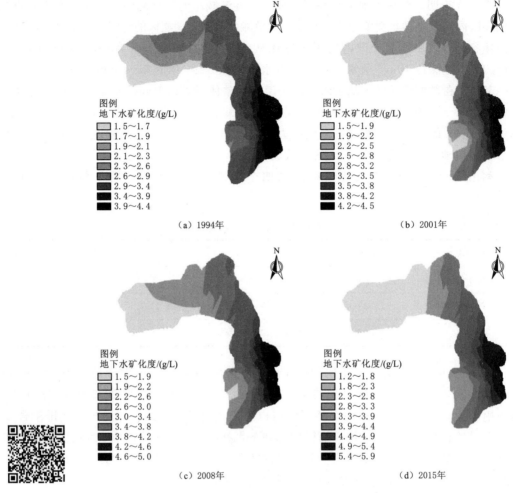

图 4.9　景电灌区四期地下水矿化度空间分布变化

图 4.9 可知，在二期灌区的开敞型水文地质单元地下水矿化度为 1.5～1.9g/L 的区域由 1994 年的羊胡子滩逐渐扩张为 2015 年的羊胡子滩—海子滩整个区域，冰草湾矿化度由 1994 年的 2.6～3.0g/L 逐渐降低为 2015 年的 2.2～2.6g/L，在二期灌区的西南区域矿化度呈现逐渐降低趋势；在 1994—2001 年期间，一期灌区的矿化度表现为降低趋势，在 2001—2008 年期间，又表现为逐渐升高趋势，一期灌区的四滩乡区域矿化度呈现先降低后升高的变化趋势，封闭型水文地质单元内的芦阳镇—草窝滩镇地下水矿化度由 1994 年的 2.9～4.4g/L 逐渐升高为 2015 年的 4.4～5.9g/L，升高较显著。从矿化度图例也可以看出，灌区的地下水矿化度总体呈现不断升高趋势。

利用 ArcGIS 提取工具将景电灌区四个时期的地下水矿化度特征值进行提取，见表 4.11。由表 4.11 可知，1994—2001 年灌区内的地下水矿化度最小值处于上升趋势，而 2001—2008 年处于下降趋势，由于在溶质运移带地下水矿化度呈现升高和振荡变化，而地下水矿化度最大值在 1994—2015 年呈现逐年升高趋势，由 1994 年的 4.3285g/L 升高到 2015 年的 5.8335g/L。究其原因，在汇水聚盐区域由于浅埋深地下水的耗散引起盐分运移聚集，导致地下水矿化度的逐渐升高。

表 4.11 景电灌区地下水矿化度特征值 单位：g/L

年　份	1994	2001	2008	2015
最小值	1.5169	1.6413	1.5734	1.4822
最大值	4.3285	4.4154	4.8228	5.8335
平均值	2.5850	3.1654	3.5992	3.8952

4.7 水土环境脆弱性评价

4.7.1 指标权重确定

基于已构建的灌区水土环境脆弱性评价指标体系，聘请灌区技术人员、管理人员以及相关的专家学者，根据云模型标度准则，分别对目标层、状态层、准则层进行两两重要性判断，可构建出基于云模型标度的判断矩阵，所构建的判断矩阵见表 4.12～表 4.16。

表 4.12 基于云模型标度的状态层判断矩阵

X	Y_1	Y_2	Y_3	Y_4
Y_1	(1, 0, 0)	(3, 0.33, 0.01)	(7, 0.33, 0.01)	(5, 0.33, 0.01)
Y_2	(1/3, 0.33/9, 0.01/9)	(1, 0, 0)	(5, 0.33, 0.01)	(3, 0.33, 0.01)
Y_3	(1/7, 0.33/49, 0.01/49)	(1/5, 0.33/25, 0.01/25)	(1, 0, 0)	(1/3, 0.33/9, 0.01/9)
Y_4	(1/5, 0.33/25, 0.01/25)	(1/3, 0.33/9, 0.01/9)	(3, 0.33, 0.01)	(1, 0, 0)

表 4.13 基于云模型标度的 A_1 响应层判断矩阵

Y_1	Z_1	Z_2	Z_3
Z_1	(1, 0, 0)	(3, 0.33, 0.01)	(5, 0.33, 0.01)
Z_2	(1/3, 0.33/9, 0.01/9)	(1, 0, 0)	(3, 0.33, 0.01)
Z_3	(1/5, 0.33/25, 0.01/25)	(1/3, 0.33/9, 0.01/9)	(1, 0, 0)

表 4.14 基于云模型标度的 A_2 响应层判断矩阵

Y_2	Z_4	Z_5
Z_4	(1, 0, 0)	(3, 0.33, 0.01)
Z_5	(1/3, 0.33/9, 0.01/9)	(1, 0, 0)

表 4.15 基于云模型标度的 A_3 响应层判断矩阵

Y_3	Z_6	Z_7	Z_8
Z_6	(1, 0, 0)	(3, 0.33, 0.01)	(5, 0.33, 0.01)
Z_7	(1/3, 0.33/9, 0.01/9)	(1, 0, 0)	(3, 0.33, 0.01)
Z_8	(1/5, 0.33/25, 0.01/25)	(1/5, 0.33/25, 0.01/25)	(1, 0, 0)

表 4.16　　　　　　　　　　基于云模型标度的 A_4 响应层判断矩阵

Y_4	Z_9	Z_{10}
Z_9	(1, 0, 0)	(3, 0.33, 0.01)
Z_{10}	(1/3, 0.33/9, 0.01/9)	(1, 0, 0)

由已建立的判断矩阵，运用式（4.4）～式（4.6）计算各判断矩阵各指标基于云模型的权重的三个参数 Ex、En、He，将各状态层各指标 Y_1、Y_2、Y_3、Y_4 与其对应的准则层指标的权重参数进行组合，进而得到各准则指标的基于云参数的合成权重 W_i（Ex_i，En_i，He_i），将响应准则指标以期望 Ex 为第一排序要素、熵 En 为第二排序要素、超熵 He 为第三排序要素，进行层次总排序，进而得到水土环境脆弱性评价准则层的 10 个指标对目标层的层次总排序，评价结果见表 4.17。

表 4.17　　　　　　　　　基于云参数评价结果权重的层次总排序

指标	Y_1			Y_2			Y_3			Y_4			合成权重	排序
	Ex	En	He	Ex	En	He	Ex	En	He	Ex	En	He	W_i（Ex_i，En_i，He_i）	
X	0.428	0.381	0.381	0.259	0.235	0.235	0.116	0.324	0.324	0.197	0.060	0.060		
Z_1	0.457	0.387	0.367										(0.210, 0.195, 0.191)	1
Z_2	0.328	0.396	0.416										(0.162, 0.047, 0.047)	2
Z_3	0.215	0.217	0.217										(0.151, 0.036, 0.035)	3
Z_4				0.519	0.561	0.561							(0.143, 0.148, 0.148)	4
Z_5				0.481	0.439	0.439							(0.132, 0.143, 0.147)	5
Z_6							0.387	0.304	0.304				(0.032, 0.170, 0.170)	8
Z_7							0.368	0.385	0.425				(0.029, 0.021, 0.011)	9
Z_8							0.245	0.311	0.271				(0.022, 0.041, 0.041)	10
Z_9										0.658	0.419	0.419	(0.067, 0.023, 0.033)	6
Z_{10}										0.342	0.581	0.581	(0.052, 0.176, 0.176)	7

由表 4.17 可知，灌区水土环境脆弱性评价中的 10 个指标因子的云模型参数的权重期望 Ex 取值处于 0.022～0.210 之间，权重最高的为土壤盐分，这与灌区耕地盐碱化有较大关系，权重最小的为坡向，熵 En 处于 0.021～0.195 之间、超熵 He 处于 0.011～0.191 之间，且同一指标的熵和超熵值相差不大，表明评价结果对同一个问题的不确定度基本一致，这符合实际情况，也验证了评价结果的正确性。运用云理论改进层次分析法对灌区水土环境脆弱性指标因子进行重要性评价，其评价结果不仅给出了中心值，还给出了其可能性分布及波动范围，同时体现出了评价结果的不确定性和随机性，这也更加符合实际情况。

4.7.2　评价单元栅格数据叠加计算

评价单元是水土环境脆弱性评价的基本单元，同一评价单元的指标因子应保持一致。

本书将景电灌区划分为 5km×5km 栅格的基本评价单元，将研究区划分为 134 个网格，如图 4.10 所示。

景电灌区水土环境脆弱性是多个因素综合作用导致的结果，如土地利用信息、植被覆盖度、地下水埋深、地下水矿化度和土壤盐分均为区域化变化，通过空间插值理论可以将其转化为整个研究区域的栅格数据，然而各个指标之间量纲并不一致，因此需要通过重分类消去各指标的量纲，使得它们具有可比性，然后根据每个指标的权重，利用栅格计算器将各因素按其权重进行叠加得到研究区水土环境脆弱性等级分布状况。栅格数据消除量纲及叠加理论如图 4.11 和图 4.12 所示。

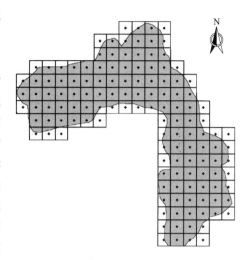

图 4.10 景电灌区水土环境脆弱性评价单元

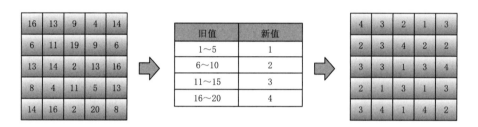

图 4.11 栅格数据重分类原理示意

图 4.12 栅格数据叠加理论示意

4.7.3 水土环境脆弱性等级划分

根据已有的大量文献，本书运用水土环境脆弱性特征值 EVI 来表示水土环境脆弱性程度的强弱。根据 4.7.1 节计算所得的指标因子值及其权重值，可通过下式计算 EVI 值：

$$\mathrm{EVI} = \sum_{i=1}^{n} Y_1 X_1 + Y_2 X_2 + Y_3 X_3 + \cdots + Y_n X_n \tag{4.11}$$

式中：Y_i 为指标因子值；X_i 为指标因子相应的权重值；n 为指标数量。

为了增强景电灌区水土环境脆弱性综合指数在时空分布上的可对比性，对水土环境脆弱性综合指数 EVI 进行标准化处理，处理方法为

$$S_i = \frac{\text{EVI}_i - \text{EVI}_{\min}}{\text{EVI}_{\max}} \tag{4.12}$$

式中：S_i 为第 i 年水土环境脆弱性综合指数的标准化值，变化范围在 $0 \sim 10$ 之间；EVI_i 为第 i 年水土环境脆弱性综合指数的实际值；$\text{EVI}_{\max}$ 为四个时期水土环境脆弱性综合指数的最大值；$\text{EVI}_{\min}$ 为四个时期水土环境脆弱性综合指数的最小值。

在将 EVI 标准化的基础上，参照已有的研究中关于水土环境脆弱性评价的标准，同时结合灌区的具体特征，将景电灌区水土环境脆弱性划分为 5 级，结果见表 4.18。

表 4.18　　　　　　　　　　景电灌区水土环境脆弱性划分

脆弱性	等级	EVI	生 态 特 征
微度脆弱	Ⅰ	1～2	环境系统结构和功能完善，所受压力小，环境系统稳定，抗外界干扰能力强，自我恢复能力强，水土环境脆弱性低
轻度脆弱	Ⅱ	2～4	环境系统结构和功能相对完善，所承受压力小，环境系统稳定，抗外界干扰能力和自我恢复能力较强，存在潜在的系统异常，水土环境脆弱性较低
中度脆弱	Ⅲ	4～6	环境系统结构和功能尚可维持，所承受压力接近阈值，系统较不稳定，对外界干扰较为敏感，自我恢复力较弱，已显现少量系统异常，水土环境脆弱性较高
重度脆弱	Ⅳ	6～8	环境系统结构和功能出现缺陷，所承受压力大，系统不稳定，对外界干扰强敏感，受损后恢复难度大，系统异常较多，水土环境脆弱性高
极度脆弱	Ⅴ	8～10	环境系统结构和功能严重退化，所受压力极大，系统极不稳定，对外界干扰极度敏感，受损后恢复难度极大，甚至不可逆转，系统异常大面积出现，水土环境脆弱性极高

4.7.4　水土环境脆弱性评价结果

根据表 4.17 中评价指标因子权重以及表 4.18 中针对景电灌区水土环境脆弱性分级标准，利用 ArcGIS 软件对灌区脆弱性评价指标因子进行加权叠加，最终得到灌区 1994 年、2001 年、2008 年和 2015 年四期的水土环境脆弱性等级空间分布，如图 4.13 所示。

通过景电灌区 1994 年、2001 年、2008 年和 2015 年四期的水土环境脆弱性等级空间分布（图 4.13），实现了景电灌区水土环境脆弱性状况的可视化表达。图 4.13（a）可知，灌区水土环境脆弱性基本在Ⅳ级以下，脆弱性为Ⅱ级和Ⅲ级的区域约占区域面积的三分之二，Ⅰ级和Ⅳ级的区域约占区域面积的三分之一，脆弱性为Ⅳ级的区域主要集中在芦阳镇和草窝滩镇的封闭型水文地质单元，这些区域部分耕地已呈现盐碱化，脆弱性为Ⅲ级的区域分布在景泰县城周围和羊胡子滩，脆弱性为Ⅱ级的区域则分布在灌区中上区域，脆弱性为Ⅰ级的区域主要集中在喜泉镇；从图 4.13（b）可知，1994—2001 年，灌区的中上区域脆弱性变化不大，大墩滩和冰草湾的部分区域由原来的Ⅱ级脆弱性演变为Ⅰ级脆弱性，主

要原因是这些地区在提水灌溉后由原来的戈壁逐渐被人类开垦为耕地；该时期土地利用类型发生了变化；同时，芦阳镇和草窝滩镇这些区域脆弱性发生很大变化，原来脆弱性为Ⅲ级的区域已大面积演变为Ⅳ级，且有少部分区域脆弱性为Ⅴ级，脆弱性升级的主要原因是这些区域在提灌以后地下水位急剧上升，在强蒸发作用下，土壤深层可溶性盐离子随着毛管水运移至土壤表层，表层土壤含盐量迅速增加聚集，使得这些地区的土地大面积盐碱化，从而导致脆弱性升级；从图 4.13（c）可以看出，2001—2008 年，水土环境脆弱性又发生很大变化，最明显的是漫水滩、草窝滩等区域脆弱性为Ⅴ级的区域大面积扩张，在二期灌区的羊胡子滩和大墩滩等地区，虽然这些地区属开敞型水文单元，但是在长期的漫灌方式下，地下水位也在上升，打破了该地区的水盐平衡，使得其脆弱性升级；从图 4.13（d）可以看出，在灌区陆续开展畦灌、沟灌等节水灌溉方式以后，通过有效地控制灌区灌水量、控制地下水位以及采取相应的盐碱地治理措施，原来 2008 年草窝滩、漫水滩这些脆弱性较高的区域大幅缩小，脆弱性为Ⅴ级的部分区域逐渐变为Ⅳ级，Ⅳ级的部分区域逐渐变为Ⅲ级，改善了这些地区的水土环境脆弱性。

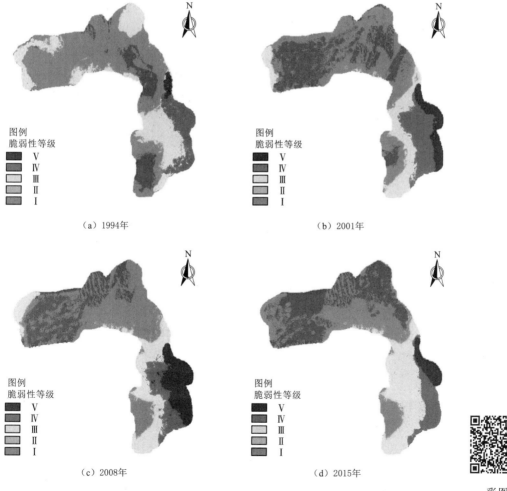

图 4.13 景电灌区四期水土环境脆弱性等级空间分布

彩图

为了进一步明确灌区 1994—2015 年期间的水土环境脆弱性，通过 ArcGIS 软件将各时期不同等级脆弱性面积进行提取，统计结果见表 4.19 和图 4.14。

表 4.19　　　　　　　　　　景电灌区水土环境脆弱性面积变化统计

脆弱性等级	1994 年		2001 年		2008 年		2015 年	
	占比/%	面积/hm²	占比/%	面积/hm²	占比/%	面积/hm²	占比/%	面积/hm²
Ⅰ	10.2	30671.01	22.8	68558.73	14.6	43901.65	19.2	57733.67
Ⅱ	42.4	127495.2	35.2	105845.1	40.9	122984.7	34.2	102838.1
Ⅲ	20.8	62544.81	15.1	45405.13	18.6	55929.49	23.9	71866.39
Ⅳ	23.2	69761.52	16.8	50516.96	9.8	29468.23	13.3	39992.59
Ⅴ	3.4	10223.67	10.1	30370.32	16.1	48412.09	9.4	28265.44

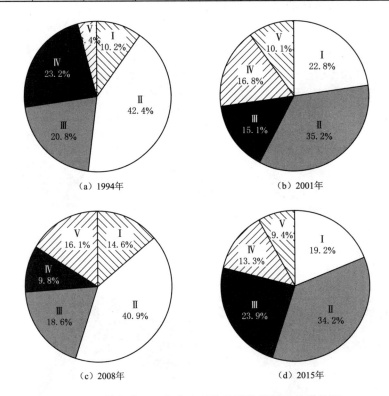

图 4.14　景电灌区四期水土环境脆弱性等级占比饼状图

通过表 4.19 和图 4.14 可知景电灌区 1994 年、2001 年、2008 年和 2015 年四期的脆弱性等级变化状况，2001—2008 年期间，脆弱性为Ⅳ、Ⅴ级的面积基本保持不变，而脆弱性为Ⅰ级的面积较 2001 年减少 9%，脆弱性为Ⅱ、Ⅲ级的面积增加了 10%，说明这一时期灌区脆弱性有恶化的倾向；2008—2015 年期间，灌区脆弱性为Ⅲ、Ⅳ级的区域面积有所轻微增加，脆弱性为Ⅴ级的区域在不断缩小，脆弱性为Ⅰ级的区域也有增加，说明这一时期灌区水土环境脆弱性有逐渐改善向好的趋势。

4.8 水土环境脆弱性时空演变特征

4.8.1 水土环境脆弱性的熵

熵在信息理论中可用于衡量前后数据元素之间时序依赖关系的强弱。在对灌区土地盐碱化的激变过程进行预测时，可以把信息熵引申应用到区域宏观的水盐分异特征演变中，用于判断影响区域水盐分异特征要素集合中的有序与无序、确定性与随机性、简单性与多样性，并对其相互对立的概念（变化与否）进行量度。区域尺度的土壤水盐分异进程信息熵 S 为

$$S = -\sum_{i=1}^{n} \lambda_i \ln \lambda_i \tag{4.13}$$

式中：λ_i 为第 i 个分异进程出现的概率（$i=1, 2, 3, \cdots, n$）。

该水土环境脆弱性的程度可通过熵值的大小来反映。由于在干扰前系统内部各因子均发生突变，系统仍处于高度无序性，熵值也最大，此时，系统的状态也最为稳定，随着干扰的持续进行，一些环境因子发生变化，引起系统内部因子间存在越来越大的差异，最终破坏了系统无序性，系统熵值降低，系统向非稳定态发展，系统脆弱度升级，当熵值继续减小，直至某一阈值时，系统的熵将发生突变，致使水土环境系统产生破坏，此时水土环境脆弱性显现。因此，水土环境脆弱性的发生条件是由系统的熵值突变时的系统内部的各因子决定的，故可用突变理论来解决。

4.8.2 熵-突变模型

区域的水土环境演变过程从先前的平衡稳定状态到受干预后失衡前的临界状态，这一全部过程被称为准静态过程。将一切宏观的水土环境演变特征作为一个动态的运行系统，以系统突变驱动因素（田间灌溉）和系统变迁（土壤水盐分异）确定的熵为状态变量来考察研究区域的稳定性。此时，水土环境脆弱性的熵值可以用一个连续函数 $S = f(t)$ 来表示这种变化，将函数进行泰勒级数 4 次项展开，a_i 为势函数展开系数，则有

$$S = \sum_{i=1}^{4} a_i t_i \tag{4.14}$$

$$a_i = \sum_{i=1}^{4} \frac{\partial^i f}{\partial t^i} \tag{4.15}$$

令 $t = x - \dfrac{a_3}{4a_4}$，可将式（4.15）划为尖点突变的标准势函数形式，即

$$V(x) = x^4 + ux^2 + vx \tag{4.16}$$

$$u = \frac{a_2}{a_4} - \frac{3a_3^2}{8a_4^2} \tag{4.17}$$

$$v = \frac{a_1}{a_4} - \frac{a_2 a_3}{2a_4^2} - \frac{a_3^3}{8a_4^3} \tag{4.18}$$

根据上面计算公式可得突变平衡曲面方程：

$$\frac{\partial V}{\partial x} = 4x_0^3 + 2ux_0 + v \tag{4.19}$$

根据尖点分叉集理论，可以得到分叉集方程：

$$\Delta = 8u^3 + 27v^2 \tag{4.20}$$

式（4.20）为宏观尺度水土环境脆弱性激变失稳的判据。Δ 值的大小可以作为稳定演化状态与临界状态的距离，称为突变特征值。所以利用熵值与突变理论的基本原理，构建区域水土环境脆弱性的突变模型，计算灌区宏观的水土环境脆弱性演变的稳定度阈值及其突变条件，预测研究区水土环境脆弱性的演变趋势。将平衡曲面和分叉集通过图形表示，如图 4.15 所示。

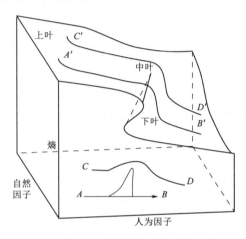

图 4.15　水土环境系统熵的尖点突变模型

由图 4.15 可知，图示下部平面及顶部曲面分别为自然因子与人为因子所在的控制平面、水土环境脆弱性的尖点突变模型的平衡曲面，图示下部的分叉线是控制平面上的曲线，平衡曲面由上叶、中间的褶皱和下叶组成。在控制平面上中间的褶皱的投影是分叉曲线。上叶指自然因子和人为因子的渐变，在这个过程中熵值逐渐减小，变化幅度较小，整个生态系统为良性循环，生态系统状态呈现为平稳渐变。当控制变量自然因子的 u 值等于或小于分叉集曲线尖点位置相应的值时，对应的人为因子和自然因子不断恶化，当生态系统的状态经历了一个从开始到终止的突变过程意味着控制变量人为因子 v 的值达到分叉曲线的不同临界值，它可以从上叶跳跃至下叶，从而显现出状态的不稳定，水土环境脆弱性开始突显；在生态系统中，下叶代表不稳定因素、脆弱性以及物质能量循环不畅，尽管生态系统更加脆弱并且稳定性也遭到破坏，但只要不经过折叠线（CD），突发性环境灾害发生的频率就会降低。因此，生态系统是否发生突变的关键看分叉集，系统控制变量的坐标位于分叉集内时，若系统发生突变则其控制变量位于分叉集内，否则平稳变化。系统可能跳跃分叉集发生突变且其脆弱性显现的依据为 $\Delta \leqslant 0$。系统的临界及演化状态的距离可以利用 Δ 值来衡量，其值与突变程度成反比，称为突变特征值。

在水土环境脆弱性发生条件当中结合函数拟合的方法，将熵-突变准则应用其中以计算势函数。熵值的时间序列可进行多项式拟合，使其转化为形如 $s(t) = \sum\limits_{i=1}^{m} a_i t_i$ 的多项式函数。按照实际需要选取上式，在回归模型的处理当中应用变量代换的方式，使之标准形式在尖点突变模型势函数当中。

4.8.3　水土环境脆弱性的时间演变

4.8.3.1　水土环境脆弱性显现条件

将各年的水土环境脆弱性数据代入式（4.13），求得水土环境脆弱性熵值，见表 4.20。

表 4.20   景电灌区水土环境脆弱性熵值变化

序号	1	2	3	4	5	6	7	8	9	10	11	12
年份	1994	1996	1998	2000	2002	2004	2006	2008	2010	2012	2014	2015
熵值	31.35	32.5	31.6	29.5	27.2	26.5	24.1	23.8	23.5	23.7	24.4	24.9

以表 4.20 中熵值为因变量，年代序号为自变量，通过四次多项式最小二乘法拟合表中熵值，得到以下四次多项式：

$$y(t) = S(t) = \sum_{i=1}^{s} a_i t_i = -0.0027t^4 + 0.0909t^3 - 0.8532t^2 + 1.1981t + 33.218$$

(4.21)

令 $x \rightarrow t - \dfrac{a_3}{4a_4}$，通过变量代换后记得景电灌区水土环境脆弱性突显的判据为

$$\Delta = -2.36147 < 0$$

(4.22)

当系统处于临界平稳水平状态时 $\Delta = 0$，系统可能会从一种状态突变到另外一种状态；当系统将可能发生突变时 $\Delta < 0$，处于不稳定状态；当系统处于平稳水平状态时 $\Delta > 0$。

通过判断式（4.22）可知，1994—2015 年期间，$\Delta = -2.36147 < 0$，表明景电灌区在这一时期水土环境信息熵发生了突变，水土环境脆弱性显现。

4.8.3.2 水土环境脆弱性计算

为确定灌区水土环境脆弱性显现的时间段，本书将整个时间序列按等间距划分，首先将整个时间序列分为三个时间段，即 1994—2000 年、2002—2008 年和 2010—2015 年，通过计算这三个时期的熵值，判断这三个时期环境是否发生了突变，若其中一个时期水土环境脆弱性发生了突变，则再对该时期进行划分，依次确定水土环境脆弱性显现的时间。计算如下：

1994—2000 年：$\Delta = 8u^3 + 27v^2 = 5.33615$，反映了这一时期灌区水土环境熵值是渐变的，水土环境脆弱性没有突显。

2002—2008 年：$\Delta = 8u^3 + 27v^2 = -2.86715$，反映了这一时期灌区水土环境遭受破坏，环境恶化，水土环境的熵值发生了突变，水土环境脆弱性开始突显。

2010—2015 年：$\Delta = 8u^3 + 27v^2 = 7.67158$，反映了这一时期灌区水土环境熵值是渐变的，水土环境脆弱性没有突显。

通过上述计算可知景电灌区在 2002—2008 年期间水土环境熵值发生了突变，因此将这个区间进一步划分确定熵值突变的年份。将其划分为 2002—2004 和 2006—2008 年两个时段再进行水土环境熵值计算。

2002—2004 年：$\Delta = 8u^3 + 27v^2 = -1.36958$，反映了这一时期灌区水土环境进一步恶化。

2006—2008 年：$\Delta = 8u^3 + 27v^2 = 3.97651$，反映了这一时期灌区水土环境熵值是渐变的，水土环境脆弱性没有突显。

研究表明，1994—2015 年，灌区水土环境熵值在 2002—2004 年发生了突变。这一期间三个时间段按灌区水土环境熵值突变特征值由小到大排序为 2002—2008 年、1994—

2000 年、2010—2015 年，通过收集当地资料并分析，发现灌区在 1994—2000 年土地利用类型以沙地和戈壁为主，当地风沙频繁，水土环境脆弱性主要表现在土地沙漠化；2002—2008 年，由于长期的大水漫灌造成局部区域的地下水位抬升剧烈和干旱的气候条件，使得土壤深层盐分向上运移积聚，土壤表层盐分迅速增加，在这一时期区域水土环境脆弱性主要表现为土壤盐碱化；2010—2015 年，通过发展节水灌溉模式和对盐碱地治理，水土环境脆弱性逐渐向好的趋势发展。

4.8.4　水土环境脆弱性的空间演变

以景电灌区 1994 年、2001 年、2008 年和 2015 年四期的遥感影像为底图，在一期灌区上以景泰县为中心，通过实地考察分别在八个方向（东、东南、南、西南、西、西北、北、东北）上选取若干典型环境样方，分别距离县城中心 10km、15km 和 20km 为轴，每个方向上选取三个样方，样方大小设定为 Landsat 影像上的 2km×2km 的窗口大小，共 4 个单元，取其平均值。计算一期灌区典型样方水土环境脆弱性熵值，并分析距离景泰县城中心不同距离上的水土环境脆弱性的空间变化，结果如图 4.16 所示。

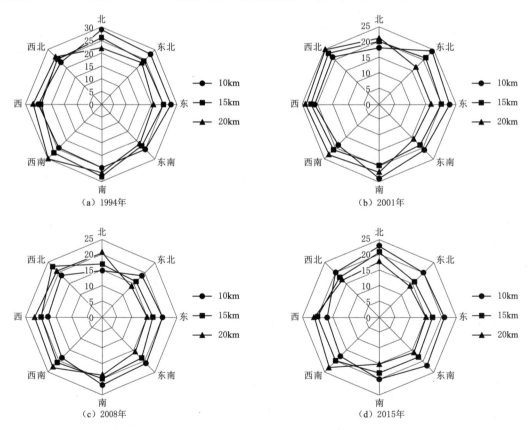

图 4.16　景电一期灌区水土环境脆弱性熵值雷达图

图 4.16 表明，景电一期灌区 1994 年、2001 年、2008 年和 2015 年四期的水土环境熵值距离县城中心越近，其值越大，反映出水土环境脆弱性越低；距离城市中心越远，熵值

越小，水土环境脆弱性越高。对比图 4.16（a）和图 4.16（b）可知，一期灌区水土环境熵值整体减小，其中正北和东南方向减小的趋势最为明显，由于地下水位的升高，这两个方向也是盐碱地最先发展的区域，所以熵值降低最明显；对比图 4.16（b）和图 4.16（c）可知，灌区熵值整体上进一步降低，这一期间变化最为明显的为东北方向，因为在整个正北至东南方向区域是灌区的封闭型水文地质单元，由于人类活动的加剧，灌区地下水入渗补给量远大于地下水排泄量，导致地下水位急剧升高，超过了潜水蒸发临界水位，同时在强烈的蒸发作用下，地下水中的盐分被运移至土壤表层并不断聚集，所以无论是地下水特征还是土壤盐分均变化比较明显，最终导致水土环境脆弱性也进一步突显；对比图 4.16（c）和图 4.16（d）可知，一期灌区部分区域水土环境熵值有增加的趋势，表明该区域环境有向好的方向发展，究其原因主要是在这一时期通过盐碱地改良、灌溉模式的转变以及渠道修复等治理措施的实施，有效地降低了地下水位，对盐碱地的治理起到了重要作用，有效地改善了当地的水土环境，因此熵值出现增加的趋势。

第 5 章

灌区水土资源承载力变迁过程评估

5.1 灌区水土资源系统耦合机制分析

5.1.1 系统动力学分析

系统动力学（system dynamics，SD）是由美国学者弗雷斯特（J. W. Forrester）教授所创建的一种通过对某一系统的功能性、动态性以及整体性进行综合分析，融合系统论、控制论及信息论以此来实现对复杂系统内部动态反馈关系定性及定量化揭示的系统运行-反馈理论。以反馈控制理论为理论基础，借助计算机模拟手段，从系统的微观结构入手，构造系统的基本结构，通过设置模型参数，模拟不同情况下的系统运动，分析系统结构因素与反馈影响因素之间相互作用和变化的规律。可用于处理复杂的社会、生态、经济等系统问题，并可在宏观、微观层次上对复杂的、动态的非线性的多层次的大规模系统进行综合研究。系统动力学与其他方法比较具有以下特点：

1. 适用于处理长期性和周期性问题

人类经济社会发展过程中诸如生态环境问题和经济危机问题，都需要通过长期的观察研究才可寻得其中的规律，已有不少系统动力学模型对其做出了较为科学的解释。

2. 适用于对数据不足的问题进行研究

系统建模过程常常遇到数据不足或某些数据难以量化的问题，系统动力学根据各要素间的因果关系、有限的数据及一定的结构仍可进行推算分析。

3. 适用于处理精度要求不高的复杂的社会经济问题

复杂的大系统常因描述方程式是高阶非线性动态的，应用一般数学方法很难求解。系统动力学借助计算机及仿真技术在无法求得精确解的情况下仍能获得主要信息。

4. 强调有条件预测

系统动力学解决的问题大多都涉及"未来"情况，通常在设定的未来情况下进行研究，因此强调预测的条件性。

干旱扬水灌区水土资源承载系统有别于其他地区的水土资源系统。该系统内各子系统之间反应表征得更为剧烈，存在较为复杂的生态水文过程与人为干扰响应过程，是集模糊性、驱动的多层次性、要素影响的不确定性于一体的复杂结构单元，主要由水资源系统、土地资源系统、生态环境系统以及生产活动系统（经济建设、社会发展）这四个大的子系统所构成。干旱扬水灌区水土资源承载系统构成如图 5.1 所示。

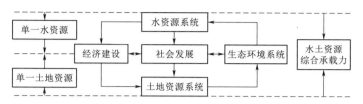

图 5.1 干旱扬水灌区水土资源承载系统构成

5.1.2 子系统耦合机制分析

为客观分析多元耦合关系下灌区内水土资源承载系统的内部反馈机制，科学构建承载系统评价模型。本节通过采用先分后总的分析原则，先分析单一子系统内部的参与要素与运行反馈机制，再实现对整个总系统的综合分析。每一个子系统又分别由各自系统内的要素变量、辅助变量、速率变量、初始值、演变值以及源与汇等方面集成。灌区内水土资源子系统耦合机制如图 5.2 所示。

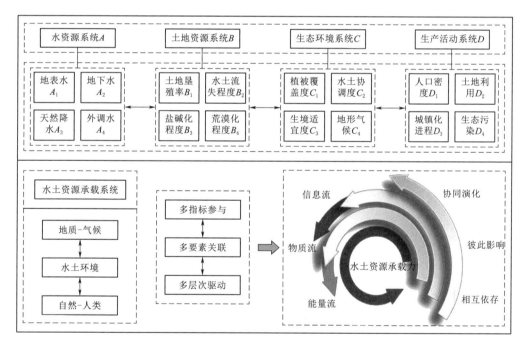

图 5.2 水土资源子系统耦合机制示意

结合景电灌区水土资源本底情况分析可知，灌区内水资源系统 $A =$ 地表水 $A_1 +$ 地下水 $A_2 +$ 天然降水 $A_3 +$ 外调水 A_4；土地资源系统 $B =$ 土地垦殖率 $B_1 +$ 水土流失程度 $B_2 +$ 盐碱化程度 $B_3 +$ 荒漠化程度 B_4；生态环境系统 $C =$ 植被覆盖度 $C_1 +$ 水土协调度 $C_2 +$ 生境适宜度 $C_3 +$ 地形气候 C_4；生产活动系统 $D =$ 人口密度 $D_1 +$ 土地利用 $D_2 +$ 城镇化进程 $D_3 +$ 生态污染 D_4。水土资源作为具有复杂结构和功能的耗散系统，各子系统间存在能量流、物质流和信息流交换，各要素因子间相互依存、彼此影响，协同演化。水资源与土地资源作为区域自然资源的共同体，水资源开发利用对土地资源产生约束作用，土地资源对水资源环境同样产生胁迫作用。生态环境系统受控于水资源与土地资源系统的宏观影响，同时又作为本底系统，进行区域尺度内水土资源的演化。生产活动系统既为受体系统也为控制系统，一方面各种人类活动的开展都是基于其他三个子系统所进行的，同时又作为三种子系统的关键调控机制。四者之间存在较为复杂的相互作用和耦合关系。

5.1.3　总系统动力学分析

为分析灌区水土资源承载状态这一高阶次、多重反馈、复杂时变的系统问题。引入系统动力学原理，在对单一子系统分析的基础上，融入一系列状态变量以及辅助变量，将系统论、控制论、信息论等研究方法进行技术集成，以此实现对灌区内水土资源承载状态这一总系统组成结构、信息反馈以及运行特征的系统分析。并以此为基础在后述开展针对灌区内水土资源承载系统的多要素动态行为分析以及多源数据同化融合下的综合分析。灌区水土资源承载系统反馈如图 5.3 所示。

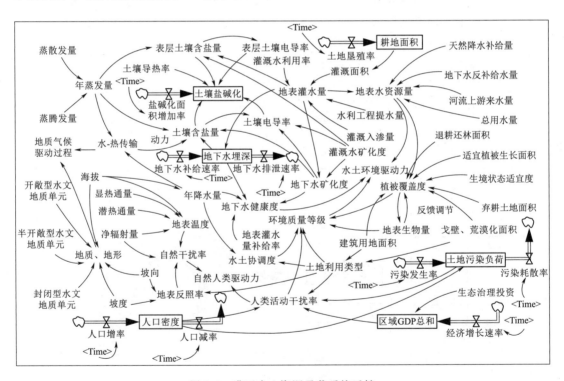

图 5.3　灌区水土资源承载系统反馈

以 Vensim DSS 为技术平台，结合有关景电灌区水土资源开发过程、演变机理、时空演化过程的相关研究以及由甘肃省景泰川电力提灌水资源利用中心提供的相关资料综合构建景电灌区这一干旱荒漠区人工绿洲水土资源承载系统的 SD 模型。该模型包括水资源系统、土地资源系统、生态环境系统以及生产活动系统 4 个子系统，6 个状态变量以及 56 个辅助变量。灌区内水土资源承载系统可主要分解为如下所示的多层系统结构：水土资源承载总系统＝水资源系统＋土地资源系统＋生态环境系统＋生产活动系统＝自然人类驱动过程＋地质气候驱动过程＋水土环境驱动过程。

5.2 水土资源承载力评价模型构建

5.2.1 评价指标体系的建立

5.2.1.1 评价指标选取原则

景电灌区的初始发展背景是人们通过提水灌溉的方式来实现对干旱荒漠区大面积荒芜土地资源的有效开发，以期极大提升当地的生态效益、经济效益以及社会效益。但在运行过程中一系列潜在的水土环境问题也逐渐显现出来，并对当地的水土资源开发带来了较大限制。以土壤盐碱化、沙漠化、地下水环境劣化为主的生态环境问题逐渐由隐性向显性转变。这一问题之间存在较为复杂的生态水文过程以及水力联系。因此，在评价指标选取过程中，应能够对整个评价分析系统进行完整、系统且客观的表征。应充分考虑到指标获取的科学性、综合性、代表性、可操作性以及可比性原则。评价指标选取原则见表 5.1。

表 5.1　　　　　　　　　　　评价指标选取原则

指标获取原则	原则概述
科学性原则	所选指标充分具备科学性。对于开展水土资源承载这一方向的课题研究具有较好的理论支撑。符合客观事实，满足客观条件，响应研究主题。对于研究区域系统的结构本底以及内在联系具有较高的深入性与普适性
综合性原则	所筛选的指标系统应对于整个区域尺度下的水土资源系统有充分的认识以及衡量。必须确保考虑到综合系统内各要素之间的反馈关联机制以及多个子系统之间的层级特征，确保所选指标的层次完整性
代表性原则	水土资源系统是一个能量流、物质流、信息流不断发生交换的有机体。如将整个系统的所有因子完全进行罗列是十分困难的。因此，需要结合研究区水土资源本底情况将能够充分反映系统运行过程的代表性、关键性要素筛选出来，以此来构建研究模型
可操作性原则	在筛选研究指标时，还应充分考虑各指标的数据可获得性以及可操作性，使得所筛选的指标在具备上述原则的基础上，数据处理与分析过程可以有效化，进一步对结果产生实际价值
可比性原则	指标选取过程中，应能够充分反映时空演化过程，即具有较强的空间对比性以及时间对比性。能够分析不同地区在某一时间范围内的水土资源系统对水资源、土地资源、生态环境以及生产活动系统干扰响应度，实现对于区域尺度水土资源承载能力的横向对比（空间序列）以及纵向对比（时间序列）

5.2.1.2 基于压力-状态-响应（PSR）模型的评价系统分析

在综合分析区域水土资源承载能力评价指标时，引入 20 世纪 80 年代由经济合作开发组织以及联合国环境规划署共同提出的 PSR 这一概念性模型。该模型旨在揭示人类生产活动与资源环境之间存在的"压力-状态-响应"关系，突出了环境资源演化过程破坏、退化及修复的因果关联。该模型基于"压力-状态-响应"这一反馈原理与逻辑思维已被广泛应用到环境保护、生态评价、农业发展评价以及资源发展规划等方面。结合前述针对灌区内水土资源承载过程的系统动力学分析，景电灌区水土资源承载力可主要从四个子系统进行分析，分别为水资源系统、土地资源系统、生态环境系统以及生产活动系统。这四个子系统又可以从"压力-状态-响应"这一模型的角度三个方面进行表述。分别可以表征为现有水土资源承载问题来源的"压力层"，表征由水土资源承载"压力层"引起的环境问题"水土资源状态层"，以及应对这种复合机制所表征出的"水土资源承载响应层"。这一模型分析方式可表征为表 5.2 所列的结构方式。

表 5.2　　　　　　　　　　　基于压力-状态-响应（PSR）模型的评价系统

目标层	要素层	指 标 层	指 标 说 明
水土资源承载系统	压力 P	海拔/m	地表高出水平基准的垂向距离
		坡度/(°)	地表坡面与水平地面的夹角
		年蒸发量/mm	单一监测点位年内水由液态蒸发到空气的总量
		年降水量/mm	空气中降落到地面的水量，未经蒸发、渗透及流失在水平面上的净水量深度
		地表温度/℃	地面的温度
		地表反照率/%	太阳辐射反射通量与入射通量的比值，是地表能量平衡的重要参数
	状态 S	表层土壤含盐量/%	土壤表面到地以下 20cm 的土壤盐分含量
		表层土壤电导率/(mS/cm)	土壤表面到地表以下 20cm 的土壤电导能力
		土壤含盐量/%	土壤表面到地表以下 100cm 的土壤盐分含量
		土壤电导率/(mS/cm)	土壤表面到地表以下 100cm 的土壤电导能力
		地下水埋深/m	地下水面到地表的距离
		地下水矿化度/(g/L)	单位体积地下水中可溶性盐的质量
		土地污染负荷/(kg/hm²)	单位面积土地中污染物的总质量
	响应 R	土地利用类型	区域内对于土地利用方式相同土地资源划分
		地表灌溉水量/m³	按水源条件对于区域内土地资源的调配水总量
		植被覆盖度/%	植被在地面的垂直投影占统计区总面积的占比
		水土协调度/%	单位区域内水、土地资源的协调程度
		人口密度/(人/hm²)	单位面积人口分布数量

5.2.1.3　基于多级模糊理论构建评价指标体系

　　由前文有关景电灌区系统动力学模型以及压力-状态-响应模型的综合分析可得，干旱荒漠区的水土资源承载系统演化变迁过程是一个多指标参与、多要素关联及多层次驱动的复杂模糊系统。参与的系统可以分为水资源系统、土地资源系统、生态环境系统以及生产活动系统。

　　本小节针对干旱荒漠灌区水土资源系统存在的模糊性以及多过程耦合产生的不确定性，在前文分析的基础上进一步引入多级模糊综合评价的模型理念，对这一高阶次、多重反馈、复杂时变的系统问题进行多层次、递阶式的结构分析。多级模糊评价方法通过对目标系统进行多层关联分级，在此基础上以逐层分析递进的方式实现对研究目标系统反馈机制的综合映射分析。结合子系统动力学分析、综合系统动力学分析、评价指标选取原则以及基于压力-状态-响应（PSR）模型的评价系统分析。将干旱荒漠灌区水土资源承载系统划分为四个分析层面，分别为评语层、过程层、因子层及状态层。水土资源承载系统多级模糊评价指标体系如图 5.4 所示。

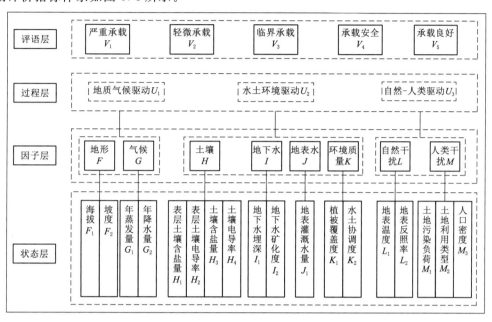

图 5.4 水土资源承载系统多级模糊评价指标体系

其中评语层用来表述水土资源承载的具体状态，分别表征为严重承载 V_1、轻微承载 V_2、临界承载 V_3、承载安全 V_4、承载良好 V_5；过程层表征为地质气候驱动 U_1、水土环境驱动 U_2 和自然-人类驱动 U_3 等 3 个过程；3 个驱动过程对应的因子分别为地形 F、气候 G、土壤 H、地下水 I、地表水 J、环境质量 K、自然干扰 L、人类干扰 M 等 8 个因子；从状态层来讲，表征地形因子可描述为海拔 F_1、坡度 F_2；表征气候因子可描述为年蒸发量 G_1 和年降水量 G_2；表征土壤因子可描述为表层土壤含盐量 H_1、表层土壤电导率 H_2、土壤含盐量 H_3 及土壤电导率 H_4；表征地下水因子可表述为地下水埋深 I_1 与地下水矿化度 I_2；表征地表水因子可描述为地表灌溉水量 J_1；表征环境质量因子可描述为植被覆盖度 K_1 与水土协调度 K_2；表征自然干扰因子可描述为地表温度 L_1 和地表反照率 L_2；表征人类干扰因子可描述为土地污染负荷 M_1、土地利用类型 M_2 以及人口密度 M_3。

5.2.1.4 评价指标的获取与处理

1. 评价指标数据来源

通过对景电灌区建成运行过程中现有相关数据资料的整合分析，对灌区水土资源承载力受扰动所发生变迁的关键节点进行摸排调查，最终选定 1994 年、2002 年、2010 年以及 2018 年为代表性研究年份。其中，1994 年为灌区全面建成的节点对应年，该年灌区正式发挥其工程作用，故作为针对灌区水土资源承载力研究的起始年份，年提水量 2.66 亿 m³，灌溉面积达到 3.47 万 hm²；其次将 2002 年作为研究的第二个目标年，该时间节点对应一期工程续建配套完成，灌溉面积 3.85 万 hm²，年提水量 3.22 亿 m³；2010 年为研究的第三个目标年，主要有两点考虑，一是满足将研究节点设置为 8 年的规律性，以便满足后续开展中长期预测的条件，二是 2010 年二期工程续建配套 2 年，在提水量及灌溉规模上相较于前两年有明显提升，灌溉面积 4.92 万 hm^2，年提水量 3.86 亿 m^3；2018 年作为研究的现状年，灌溉面积 6.05 万 hm^2，年提水量 4.60 亿 m^3。各研究年评价指标的数据来源获取见表 5.3。

表 5.3　　　　　　　　　　评 价 指 标 数 据 来 源

指标	数 据 性 质	获 取 方 式
地形 F	空间数据	地理空间数据云＋ArcGIS 10.2 分析提取
气候 G	空间数据＋地质勘测数据	地理空间数据云＋《河西走廊水文地质勘查/普查报告》（2015 年）
土壤 H	长序列监测数据＋经济社会数据	空间采样点布设监测＋《景泰川灌区历年土地调查报告》（1971—2018 年）
地下水 I	长序列监测数据	空间监测点位布设＋地下水水质理化性质分析提取
地表水 J	长序列监测数据	地表灌溉水量监测设备
环境质量 K	空间数据＋长序列监测数据	遥感解译＋《景泰川灌区历年土地调查报告》（1971—2018 年）
自然干扰 L	经济社会数据	《景泰川灌区历年土地调查报告》（1971—2018 年）
人类干扰 M	经济社会数据	《景泰县统计年鉴》（1971—2018 年）＋《景泰川灌区历年土地调查报告》（1971—2018 年）

2. 空间数据

本节所用空间数据为 Landsat 系列数据，所有系列数据均在"地理空间数据云"网站获取，分别为 1994 年、2002 年、2010 年的 Landsat 5 数据以及 2018 年的 Landsat 8 数据。条、行代号分别为 131 与 34。考虑到不同季节地物特征对特征提取与反演的影响，选择数据的成像时间为 7 月，此时地物分布特征稳定，有利于数据分析。所选 Landsat 系列数据的云量分布在 0.01%～7.78% 之间，地表分辨率为近地 30m。四个研究节点对应的数据信息见表 5.4。

表 5.4　　　　　　　　　　Landsat 数 据 信 息

目标条/行带号	成像时间	数据类型	搭载传感器	云量/%	最大地表分辨率/m	波段数
131/34	2018－07－13	Landsat 8	OLI 陆地成像＋TIRS 热红外传感	7.78	30	11
	2010－07－25	Landsat 5 TM	Landsat 主题成像仪（TM）	3.06	30	7
	2002－07－22			2.5		
	1994－07－19			0.01		

3. 航拍扫描数据

航拍扫描数据采用北京麦格天渱科技发展有限公司生产的 Trimble UX5 固定机翼无人机对研究区东北部的封闭型水文地质单元这一典型地物分布区进行遥测所得。该无人机设备采用弹射起飞方式，扫测高度为近地 500m，机翼横展为 1m，质量 2.5kg，机翼面积

$0.34m^2$，搭载 2400 万像素 SONY ILCE - 5100 相机、Trimble AccessTM 空间影像程序及空间影像传感设备。通过对研究区进行扫测边界界定、空间架次划分等预准备，综合考虑目标区域的风向、起降点，通过蛇形航拍路线、连续扫测、垂直航拍的方式，以近地15m 的扫测精度实现对目标区近地物特征的空间扫测。在飞行测定过程中，对于扫测结果不清楚的区域，灵活调整扫测高度，并对所获扫测图像进行精度检查，以确保扫测结果的可靠性。航拍扫描数据采集过程如图 5.5 所示。

（a）任务规划　　　　　　　（b）飞行执行　　　　　　　（c）数据采集

图 5.5　航拍扫描数据采集过程

4. 长序列监测数据与经济社会数据

甘肃省水文水资源中心、甘肃省水利厅水土保持中心、甘肃省治沙研究所、甘肃省景泰川电力提灌水资源利用中心、中国科学院西北生态资源环境研究院以及华北水利水电大学等科研机构一直长期从事于景电灌区水土环境的长序列监测与综合治理的研究。其中包括灌区历年的土地调查、地表灌溉水量监测、地下水监测、生态环境监测以及水文气候监测等。将采集的 0～100cm 的土壤样本数据使用离子色谱仪对其离子成分及含量进行了测定。土壤样本采样、分析流程如图 5.6 所示。

（a）土壤样本采集　　　　　　（b）土样称重　　　　　　　（c）样本调配

（d）样本提取　　　　　　　（e）样本储存　　　　　　　（f）样本检测

图 5.6　土壤样本采样、分析流程

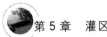

长序列监测数据测点分布如图 5.7 所示。本节所用的经济社会数据来源为由甘肃省景泰川电力提灌水资源利用中心提供的《河西走廊水文地质勘查/普查报告》（2015 年）、《景泰川灌区历年土地调查报告》（1971—2018 年）、《景泰县统计年鉴》（1971—2018 年），其余数据通过中国科学院资源环境科学与数据中心网站以及现场勘查获得。

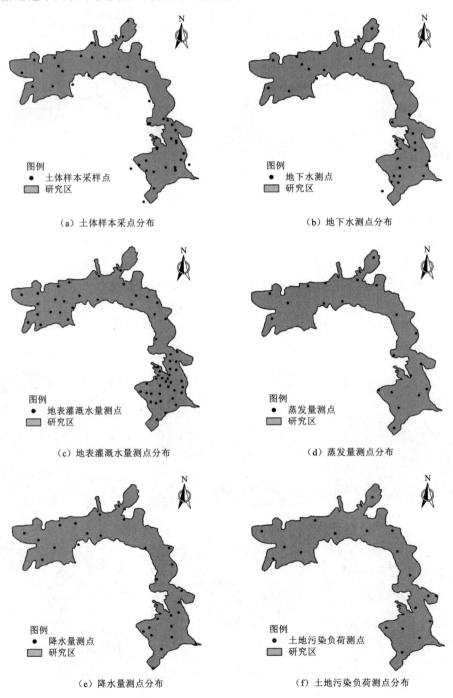

（a）土体样本采点分布　　　　　　　　（b）地下水测点分布

（c）地表灌溉水量测点分布　　　　　　（d）蒸发量测点分布

（e）降水量测点分布　　　　　　　　　（f）土地污染负荷测点分布

图 5.7　长序列监测数据测点分布

5.2.1.5 空间插值方法优选

为实现长序列监测数据的空间优化，需对源数据进行空间插值。在 ArcGIS 中可将插值方法统分为两类，分别为确定性插值及地统计插值。上述两种方法又可分别细化分为反距离权重法、趋势面法、样条函数法、自然邻域法及普通克里金法与泛克里金法几类。为分析不同要素采用不同插值方法所得结果的插值精度，引入交叉验证法及误差矩阵对插值精度进行验证分析，其中交叉验证法包括平均绝对误差 MAE、平均相对误差 MRE 及均方根误差 RMSE 三个指标，误差矩阵主要包括总体精度及 Kappa 系数两个指标。两种验证精度校验方法如下：

$$\mathrm{MAE} = \frac{1}{n}\sum_{i=1}^{n} |P_{ei} - P_{ai}| \tag{5.1}$$

$$\mathrm{MRE} = \frac{1}{n}\sum_{i=1}^{n} \left|\frac{P_{ei} - P_{ai}}{P_{ai}}\right| \tag{5.2}$$

$$\mathrm{RMSE} = \sqrt{\frac{1}{n}\sum_{i=1}^{n}(P_{ei} - P_{ai})} \tag{5.3}$$

式中：P_{ei}、P_{ai} 分别为第 i 个监测点的预测值和实测值；n 为监测点数量。

$$\mathrm{OA} = \frac{\sum_{i=1}^{r} n_{ii}}{N} \tag{5.4}$$

$$\mathrm{Kappa} = \frac{P_0 - P_c}{1 - P_c} \tag{5.5}$$

式中：OA 为总体精度；N 为总像元量；n_{ii} 为正确分类像元量；r 为分类量；P_0 为总体分类精度；P_c 为随机情况下正确分类结果期望值。

采用上述方法分别对年蒸发量、年降水量、表层土壤含盐量、土壤含盐量、表层土壤电导率、土壤电导率、地下水埋深、地下水矿化度、地表灌溉水量等因素进行空间插值并分析其最优插值方法。在插值结果前，通过 Origin9.1 正态 QQ 图检验的方法对样本源数据进行了正态检验。通过优化分析的方法，最终类比得出各要素指标的插值方法及其插值精度，见表 5.5。

表 5.5　　　　　　　　　　各评价指标因子所选插值方法及精度

特征因子	插值模型	MAE	MRE	RMSE	总精度/%	Kappa 系数
表层土壤含盐量/%	反距离权重插值（$p=2$）	0.136	0.019	0.055	72.35	0.7239
土壤含盐量/%	反距离权重插值（$p=2$）	0.127	0.018	0.052	71.63	0.7176
表层土壤电导率/(S/m)	普通克里金（球面函数）	0.086	0.008	0.042	65.11	0.6695
土壤电导率/(S/m)	普通克里金（球面函数）	0.081	0.007	0.038	63.17	0.6522
地表灌溉水量/万 m^3	反距离权重插值（$p=2$）	0.475	0.053	0.301	72.35	0.7165
地下水埋深/m	反距离权重插值（$p=3$）	0.363	0.037	0.225	71.56	0.7083
地下水矿化度/(g/L)	反距离权重插值（$p=3$）	0.141	0.014	0.037	69.12	0.6931
年降水量/mm	反距离权重插值（$p=2$）	8.66	0.823	4.781	70.18	0.7001
年蒸发量/mm	反距离权重插值（$p=3$）	18.42	1.782	10.03	73.07	0.7208

注　p—幂参数。

5.2.1.6　遥感影像预处理

遥感影像在获取过程中受多因素影响，如遥测平台运行速度、地球曲率、臭氧、二氧化碳、氧气、云量等因素。直接由终端所获取的遥感影像并不能精确揭示地物特征信息。为确保后续遥感信息揭示的准确性，准确通过空间数据揭示地物特征，需对遥感源数据进行遥感影像的预处理，主要包括两个方面，分别为辐射定标、大气校正。各预处理的原因及目标见表 5.6，处理过程如图 5.8 所示。

表 5.6　　　　　　　　　　　　　　　遥感影像预处理过程

处理过程	预处理原因	预处理目标
辐射定标	空间传感器在通过电磁波记录地物特征时，易受太阳辐射、地物光照、云量等因素影响，从而使测量值与真实值存在误差	通过反射率法实现对不同传感器获取所得的数据由灰度值向绝对辐射亮度的转化，提高测量值的分析精度
大气校正	由于大气吸收，传感器终端所获总辐射亮度受散射作用影响，并不是真实反射率	通过统计学模型与物理学模型消除由于大气吸收、散射作用导致的辐射误差，反演真实地表反射率

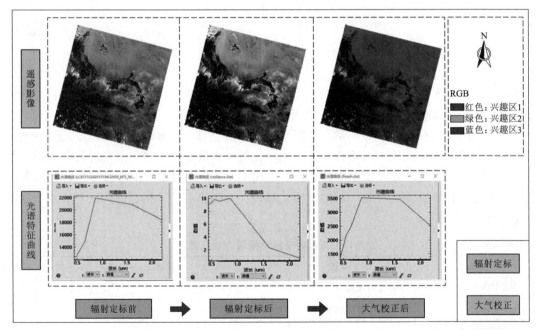

图 5.8　遥感影像预处理过程

5.2.2　物元分析模型

水土资源承载能力是受多要素耦合作用的复杂系统，各指标之间存在关联性，本小节采用熵权法利用信息熵来反映各指标值的变异性。如某一指标的变异性越大，则反映出该指标对于权重系统的贡献程度也越高，即权重越大。具体计算过程如下。

110

5.2.2.1 数据标准化

受量纲影响，在计算开始前需要进行量纲影响的消除，本节采用极向处理的方式对指标进行标准化处理，过程如下：

若为正向指标：

$$y_{ij} = \frac{x_{ij} - \min(x_{ij})}{\max(x_{ij}) - \min(x_{ij})} \tag{5.6}$$

若为负向指标：

$$y_{ij} = \frac{\max(x_{ij}) - x_{ij}}{\max(x_{ij}) - \min(x_{ij})} \tag{5.7}$$

综合标准化计算：

$$P_{ij} = \frac{y_{ij}}{\sum\limits_{i=1}^{n} y_{ij}} \tag{5.8}$$

式中：P_{ij} 为第 i 个系统第 j 项指标的综合标准化值；y_{ij} 为第 i 个系统第 j 项指标的初始标准化分值；n 为评价单元数量。

5.2.2.2 评价指标熵值计算

$$e_{ij} = \frac{\sum\limits_{i=1}^{n} p_{ij} \ln p_{ij}}{\ln n} \tag{5.9}$$

式中：e_{ij} 为第 i 个系统第 j 项指标的熵值。

5.2.2.3 评价指标熵权计算

$$W_{ij} = \frac{1 - e_i}{\sum (1 - e_i)} \tag{5.10}$$

式中：W_{ij} 为第 i 个系统第 j 项指标的权重，即熵权。

5.2.2.4 确定水土资源承载能力评价物元

物元分析模型是 20 世纪 80 年代由我国学者蔡文所提出的，其通过引入关联度的概念，对各指标的信息进行耦合分析，可以较为全面地对某一特征问题的具体状态进行分析，常用于评价生态环境状态以及水、土资源承载能力。

描述对象 N、特征向量 c 和特征值 v 共同构成水土资源承载能力评价物元。假设水土资源承载状态有多个特征，则它以 n 个特征 c_1，c_2，$\cdots c_n$ 和相应的量值 v_1，v_2，$\cdots$，v_n 描述，表示为

$$\boldsymbol{R} = \begin{bmatrix} \boldsymbol{N} & c_1 & v_1 \\ & c_2 & v_2 \\ & \vdots & \vdots \\ & c_n & v_n \end{bmatrix} = \begin{bmatrix} \boldsymbol{R}_1 \\ \boldsymbol{R}_2 \\ \vdots \\ \boldsymbol{R}_n \end{bmatrix} \tag{5.11}$$

式中：$\boldsymbol{R}$ 为 n 维水土资源承载能力评价物元，简记 $\boldsymbol{R} = (\boldsymbol{N}, \boldsymbol{c}, \boldsymbol{v})$

5.2.2.5 确定经典域、节域

灌区水土资源承载能力的经典域物元矩阵可表示为

$$\boldsymbol{R}_{oj} = (\boldsymbol{N}_{oj}, \boldsymbol{c}_i, \boldsymbol{v}_{oji}) = \begin{bmatrix} \boldsymbol{N}_{oj} & c_1 & v_{oj1} \\ & c_2 & v_{oj2} \\ & \vdots & \vdots \\ & c_n & v_{ojn} \end{bmatrix} = \begin{bmatrix} \boldsymbol{N}_{oj} & c_1 & <a_{oj1}, b_{oj1}> \\ & c_2 & <a_{oj2}, b_{oj2}> \\ & \vdots & \vdots \\ & c_n & <a_{ojn}, b_{ojn}> \end{bmatrix} \qquad (5.12)$$

式中：$\boldsymbol{R}_{oj}$ 为经典域物元；$\boldsymbol{N}_{oj}$ 为所划分水土资源承载能力的第 j 个评价等级（$j = 1$，2，$\cdots$，m）；c_i 为第 i 个评价指标；区间 $<a_{oji}$，$b_{oji}>$ 为 c_i 对应评价等级 j 的量值范围，即经典域。

灌区水土资源承载能力的节域物元矩阵表示为

$$\boldsymbol{R}_p = (\boldsymbol{N}_p, \boldsymbol{c}_i, \boldsymbol{v}_{pi}) = \begin{bmatrix} \boldsymbol{N}_p & c_1 & <a_{p1}, b_{p1}> \\ & c_2 & <a_{p2}, b_{p2}> \\ & \vdots & \vdots \\ & c_n & <a_{pn}, b_{pn}> \end{bmatrix} \qquad (5.13)$$

式中：$\boldsymbol{R}_p$ 为节域物元；$\boldsymbol{v}_{pi} = <a_{pi}$，$b_{pi}>$ 为节域物元关于特征 c_i 的量值范围，p 为水土资源承载能力的评价等级的全体，则 $<a_{oi}$，$b_{oi}> \subset <a_{pi}$，$b_{pi}>$（$i = 1$，2，$\cdots$，n）。

5.2.2.6 确定关联函数

令有界区间 $X_o = [a, b]$ 的模定义为

$$|X_o| = |b - a| \qquad (5.14)$$

则

$$|X_{ohi}| = |b_{ohi} - a_{ohi}| \qquad (5.15)$$

$$|X_{pi}| = |b_{pi} - a_{pi}| \qquad (5.16)$$

任意一点 x_i（特征向量 c_i 的量值）到经典域区间 X_{ohi} 的距离为

$$\rho(x_i, X_{ohi}) = \left| x_i - \frac{1}{2}(a_{ohi} + b_{ohi}) \right| - \frac{1}{2}(b_{ohi} - a_{ohi}) \qquad (5.17)$$

任意一点 x_i（特征向量 c_i 的量值）到节域区间 X_{pi} 的距离为

$$\rho(x_i, X_{pi}) = \left| x_i - \frac{1}{2}(a_{pi} + b_{pi}) \right| - \frac{1}{2}(b_{pi} - a_{pi}) \qquad (5.18)$$

则灌区水土资源承载能力第 i 个指标相应于第 h 个评级等级的关联函数 $K(x_i)$ 的定义为

$$K_h(x_i) = \begin{cases} \dfrac{-\rho(x_i, X_{ohi})}{|X_{ohi}|}, & x_i \in X_o \\[3mm] \dfrac{\rho(x_i, X_{ohi})}{\rho(x_i, X_{pi}) - \rho(x_i, X_{ohi})}, & x_i \notin X_o \end{cases} \qquad (5.19)$$

式中：x_i、X_{ohi}、X_{pi} 分别为灌区水土资源承载状态物元的量值、经典域物元的第 i 个指标第 h 个评价等级所对应的量值范围和节域物元第 i 个指标的量值范围。

5.2.2.7 确定综合关联度

水土资源承载能力评价对象综合关联度为

$$K_h = \sum_{i=1}^{m} w_i K_h(x_i) \qquad (5.20)$$

当 $K_{hmax} = \max\{K_h\}$（$h = 1$，2，3，$\cdots$，k）时，评价对象 N 的水土资源承载能力等级为 h 级。关联函数值的大小反映了评价对象所处评价状态的稳定性以及状态转移的可能

性，当 $0 \leqslant K_h < 1.0$，反映评价对象符合现处评价状态要求，当 $-1.0 \leqslant K_h < 0$ 时，则相反，但仍具备转移概率，即表明 K_h 值与评价对象所处状态的稳定性成正比。

5.2.2.8 评价指标经典域及节域界定

水土资源承载力评价具有明显的可拓性，基于第 3 章中所构建的水土资源多级模糊评价模型，将水土资源承载状态分为 5 级，分别为严重承载、轻微承载、临界承载、承载安全、承载良好，用 V_1、V_2、V_3、V_4、V_5 表示。按此标准，基于灌区自身水土资源本底特征、自然条件［《景泰川灌区历年土地调查报告》（1971—2018 年）、《甘肃水利年鉴》、景泰川地下水资源概况、甘肃省治沙研究所景电灌区土壤次生盐渍化及其生态效应研究成果］、国家相关评价标准［《国家生态文明建设示范县、市指标（试行）》］以及相关学者的研究成果来综合界定灌区水土资源评价指标体系的经典域及节域。其中，土地利用类型因无法直接确定各等级区间，故通过参考已有研究成果采用主观打分的方式确定经典域范围，见表 5.7。

表 5.7　　　　　　　　　　　水土资源承载力评价指标经典域、节域范围

评价指标	经典域范围					节域范围
	承载良好 V_5	承载安全 V_4	临界承载 V_3	轻微承载 V_2	严重承载 V_1	
F_1	(0, 500)	(500, 700)	(750, 1000)	(1000, 1500)	(1500, 2000)	(0, 2000)
F_2	(0, 3)	(3, 5)	(5, 8)	(8, 15)	(15, 25)	(0, 25)
G_1	(0, 700)	(700, 1400)	(1400, 2100)	(2100, 2800)	(2800, 3500)	(0, 3500)
G_2	(1200, 1500)	(900, 1200)	(600, 900)	(300, 600)	(0, 300)	(0, 1500)
H_1	(0, 0.3)	(0.3, 0.6)	(0.6, 1.0)	(1.0, 1.4)	(1.4, 2.0)	(0, 2.0)
H_2	(0, 0.6)	(0.6, 1.2)	(1.2, 1.8)	(1.8, 2.4)	(2.4, 3.0)	(0, 3.0)
H_3	(0, 0.5)	(0.5, 1.5)	(1.5, 2.5)	(2.5, 3.5)	(3.5, 5.0)	(0, 5.0)
H_4	(0, 1.0)	(1.0, 2.0)	(2.0, 3.0)	(3.0, 4.0)	(4.0, 5.0)	(0, 5.0)
I_1	(5, 10)	(3, 5)	(2, 3)	(1, 2)	(0, 1)	(0, 10)
I_2	(0, 1)	(1, 2)	(2, 3)	(3, 10)	(10, 20)	(0, 20)
J_1	(200, 250)	(150, 200)	(100, 150)	(50, 100)	(0, 50)	(0, 250)
K_1	(30, 80)	(20, 30)	(15, 20)	(5, 15)	(0, 5)	(0, 80)
K_2	(5, 10)	(2, 5)	(1, 2)	(0.5, 1)	(0, 0.5)	(0, 10)
L_1	(0, 20)	(20, 25)	(25, 30)	(30, 35)	(35, 40)	(0, 40)
L_2	(0, 0.1)	(0.1, 0.2)	(0.2, 0.3)	(0.3, 0.4)	(0.4, 0.5)	(0, 0.5)
M_1	(0, 4)	(4, 9)	(9, 11)	(11, 15)	(15, 20)	(0, 20)
M_2	(0.8, 1.0)	(0.6, 0.8)	(0.4, 0.6)	(0.2, 0.4)	(0, 0.2)	(0, 1.0)
M_3	(0, 50)	(50, 100)	(100, 150)	(150, 200)	(200, 250)	(0, 250)

5.2.3　云模型

5.2.3.1　云模型概念及云发生器原理

云模型是一种通过不确定性语言系统刻画模糊系统随机性与不确定性的数学模型。该模型相比于其他模型对于揭示受多因素耦合影响而发生演化的复杂过程更有优势。干旱扬水灌区水土资源承载力是多指标参与、多要素关联及多层次驱动的复杂模糊系统，应用云模型对其进行定量评估具有更大优势。云模型通过云发生器原理，通过转换关联系统（正向与逆

向）以 Ex（期望）、En（熵）、He（超熵）三个云数字特征实现定量数值与定性概念之间的相互转换。其中，期望 Ex 用于表征云滴的重心落在何处，熵 En 用于表征云滴的离散程度，超熵 He 代表的是云滴的厚度。其数字特征及云发生器原理如图 5.9 与图 5.10 所示。

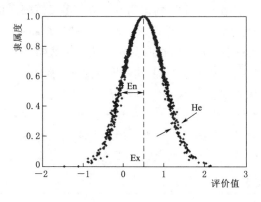

图 5.9　正态云模型数字特征

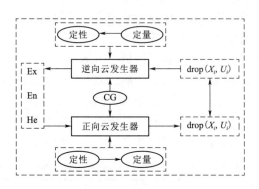

图 5.10　云发生器原理

注　在云发生器原理中，drop 通常指的是云滴；(X_i, U_i) 是指云模型中常用的云滴变量，具体含义与云模型中的随机性和不确定性相关。

5.2.3.2　评语集生成评价标准云

水土资源承载状态评语集的建立是为实现灌区水土资源承载状态定性指标定量化揭示。目前对于干旱扬水灌区水土资源承载状态评估以及评价指标属性划分的相关研究成果较少，由于水土资源承载状态等级的具体划分表征出一定的模糊性，如采用传统定量式评估方法对其进行评估，虽可以在一定程度上对评价系统的模糊性进行消除，但往往使得评价结果的客观性受到很大干扰，同时对于各指标之间的复合作用以及评估过程的灵活性带来很大影响。故此本节引入黄金分割法作为等级分割的依据。基于由系统动力学分析所获取的多级模糊评级指标体系，将灌区水土资源承载状态的评语集定义为 $V = \{V_1, V_2, V_3, V_4, V_5\} = \{$严重承载，轻微承载，临界承载，承载安全，承载良好$\}$，基于此构建等级标准云模型，定义期望 Ex 介于 $[0, 1]$，越接近中间位置，则表明越接近临界承载 V_3 这一中等状态，即表明 $Ex_3 = 0.5$。由黄金分割法的分割原则将相邻评级间的熵与超熵关系倍数设定为 0.618。依据不同等级的云数字特征参数，设定"临界承载（V_3）"这一特征评级的特征参数为（$Ex_3 = 0.5$，$En_3 = 0.031$，$He_3 = 0.005$），以此为依据可分别计算出各评价指标的云数字特征参数。以"轻微承载（V_2）""严重承载（V_1）"为例，云数字特征计算过程如下：

"轻微承载（V_2）"云数字参数：

$$Ex_2 = Ex_3 - (1 - 0.618)(x_{max} + x_{min})/2 = 0.309$$
$$En_2 = (1 - 0.618)(x_{max} - x_{min})/6 = 0.064$$
$$He_2 = He_3/0.618 = 0.0081$$

"严重承载（V_1）"云数字参数：

$$Ex_1 = 0; \quad En_1 = En_2/0.618 = 0.103$$
$$He_1 = He_2/0.618 = 0.0131$$

以此计算依据可得 5 个评价等级的云数字特征分别为 $V_1(0,0.103,0.0131)$、V_2 $(0.309,0.064,0.0081)$、$V_3(0.50,0.031,0.005)$、$V_4(0.691,0.064,0.0081)$、V_5 $(1,0.103,0.0131)$，将其在 MATLAB 中仿真可得图 5.11。

5.2.3.3 组合赋权法

如何确定各影响要素的指标权重是确定水土资源承载状态的核心部分，传统评价方法可划分为主观赋权以及客观赋权两种类型。

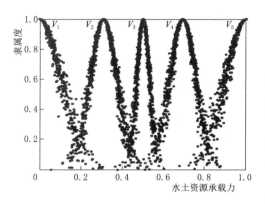

图 5.11 水土资源承载状态评估标准云

其中主观赋权主要依据研究领域内的相关专家根据自身对本学科的经验对评价对象进行权重确定或通过确定两两指标之间的重要程度来确定。该权重确定方式对于指标的重要性程度确定得相对较好，但主观性过强，常见的主观赋权确定方法包括层次分析法、德菲尔法等。客观赋权法是通过分析评价系统中各评价指标的系统数据，以数学建模为基础，有效地避免了主观性及人为经验性的影响，但所确定的客观权重往往与实际情况不符，偏离了实际重要度。常见分析的方法包括熵权法、主成分分析法、均方差法等。为使得评价结果更具客观性，同时将主观经验与客观信息进行有效融合，采用组合赋权的方式对其进行赋权，计算公式为

$$\omega_i = \begin{cases} \dfrac{1}{2} + \dfrac{\sqrt{-2\ln\dfrac{2(i-1)}{n}}}{6} & 1 < i \leqslant \dfrac{n+1}{2} \\ \dfrac{1}{2} - \dfrac{\sqrt{-2\ln\left[2 - \dfrac{2(i-1)}{n}\right]}}{6} & \dfrac{n+1}{2} < i \leqslant n \end{cases} \tag{5.21}$$

式中：n 代表指标个数；i 为排队等级。

5.2.3.4 隶属度云模型

本书基于云发生器原理实现灌区水土资源承载这一复杂系统内多要素之间模糊性与随机性从定性到定量的映射关系的转换。聘请本领域专家学者、灌区管理人员以及日常运行工作人员根据评价材料对各要素进行打分，以此确定各要素的评价值，评价值定义在 $[0,1]$，分析流程如图 5.12 所示。超熵 He 是对熵值不确定性的度量指标，如果超熵 He 过大，则云滴分布将呈现出雾化状态，由雾化性质及 3δ 原则可知，$He < 1/3En$ 时，表明云滴分布的正态分布效应较好；当

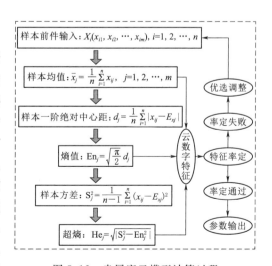

图 5.12 隶属度云模型计算过程

He>1/3En 时，云滴雾化程度过重，使得分析计算所得的数字特征失去了分析意义。故应对专家及相关工作人员评定的评价指标打分情况进行数字特征检验，要对存在问题及不满足分析基本原则的数据进行反馈调整，直至最终符合特征要求。

5.2.3.5　综合评价云模型

由前文所确定的各要素权重以及对应的隶属度云模型，按照下式计算综合评价云：

$$
\begin{cases}
\mathrm{Ex} = \sum_{i=1}^{m} \mathrm{Ex}_i \omega_i \\[2mm]
\mathrm{En} = \sqrt{\sum_{i=1}^{m} (\mathrm{En}_i^2 \omega_i)} \\[2mm]
\mathrm{He} = \sum_{i=1}^{m} \mathrm{He}_i \omega_i
\end{cases}
\tag{5.22}
$$

式中：m 代表指标个数；ω_i 为各指标权重。

5.3　水土资源驱动要素时空分异特征

5.3.1　地形因子

景电灌区的地貌特征较为丰富，主要包括山岭、丘陵、平原以及盆地等，地势特征从空间上表现出明显的西南高、东北低。海拔及坡度的空间分级结果如图 5.13 所示。由图可知，海拔区间为 1512～2237m，占比最大的海拔区间为 1512～2050m，主要集中分布在灌区的中部、东南及东北部。高程超过 2100m 的区域面积相对较少。坡度是反映地面平整度的重要指标，是指地表面任一点的切线与水平面之间的夹角。已有研究表明，水土资源承载能力与坡度之间存在一种非线性的联系，且随着坡度的增大，水土资源承载力也会在一定程度上随之减缩。景电灌区的坡度整体较小，虽整体区间介于 0°～56.2° 之间，但根据正态统计结果来看，灌区内坡度主要集中分布在 0°～9.0°，表明灌区地面坡度较为平缓，适宜于农业生产活动的开展。

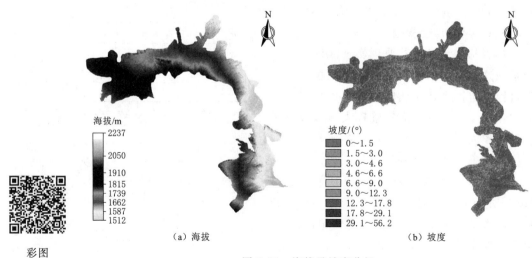

（a）海拔　　　　（b）坡度

图 5.13　海拔及坡度分级

彩图

5.3.2 年蒸发量

蒸发是参与生态水文循环的重要组成机制。为分析气候变化背景下景电灌区蒸发量变化特征，对景电灌区 1994 年、2002 年、2010 年及 2018 年的年蒸发量长序列监测数据进行了空间可视化表达。由插值结果可知，灌区年蒸发量节域为 2292～2316mm，空间差异性相对较小。结合灌区年蒸发量特征值来看，灌区年蒸发量均值基本稳定在 2300mm 左右，未发生较为明显的空间变异性。景电灌区四期年蒸发量空间插值结果如图 5.14 所示，年蒸发量特征值见表 5.8。

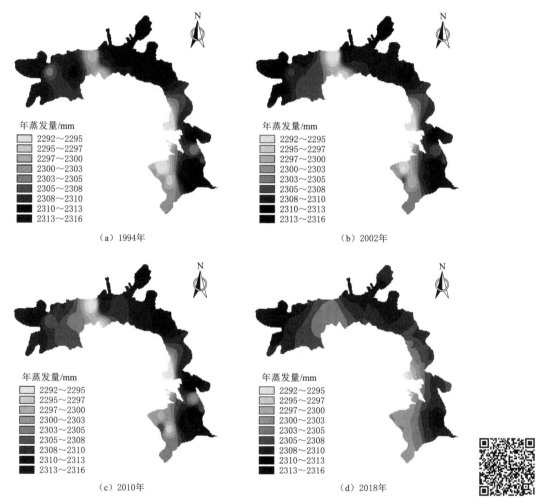

图 5.14　景电灌区四期年蒸发量空间插值结果　　　　彩图

表 5.8　　　　　　　　　　　　景电灌区年蒸发量特征值　　　　　　　　　　　　单位：mm

年　　份	1994	2002	2010	2018
最小值	2295.35	2293.21	2301.52	2292.60
最大值	2313.54	2311.21	2315.39	2310.47
平均值	2299.62	2301.37	2308.41	2305.22

5.3.3　年降水量

大气降水是西北地区径流（地表径流、土壤中流、地下径流）的主要补给源，是参与驱动干旱荒漠区水土环境自然演化的重要驱动要素。景电灌区为典型的温带大陆性气候，表现出极为明显的高蒸发、低降雨气候特点。从灌区四个研究节点对应的年降水量空间分布（图 5.15）可知，灌区东部区域的年降水量相对较多，西北部受戈壁等沙漠气候条件影响，空间上降水相对较少，但整体并不存在极为明显的空间差异性。灌区内年降水量的节域在 163～189mm 之间。结合灌区年降水量特征值来看，1994 年、2002 年、2010 年及 2018 年的年降水量平均值分别为 174mm、181mm、179mm 和 183mm。景电灌区年降水量均值基本稳定在 180mm 左右，未发生较为明显的空间变异性。景电灌区年降水量特征值见表 5.9。

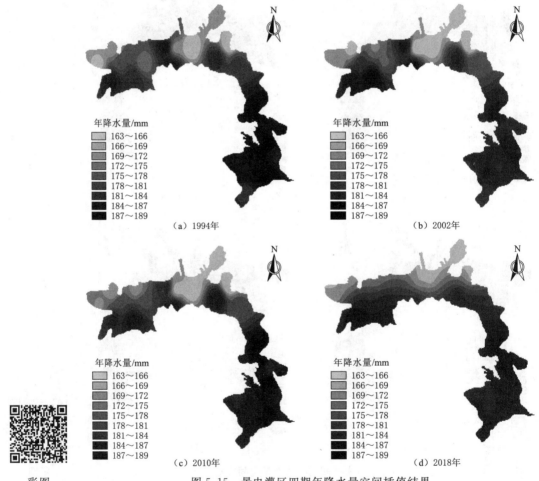

彩图

图 5.15　景电灌区四期年降水量空间插值结果

表 5.9　　　　　　　　　　　　景电灌区年降水量特征值　　　　　　　　　　　单位：mm

年　份	1994	2002	2010	2018
最小值	163	166	164	167
最大值	183	185	186	188
平均值	174	181	179	183

5.3.4 表层土壤含盐量

考虑到景电灌区的土壤盐碱化演化过程较为剧烈，且盐分表聚现象与深层土壤水盐运移导致的盐分变迁问题具有空间差异性，为更加全面且科学地反映灌区内土壤盐渍化状态，本书同时引入表层土壤含盐量、表层土壤电导率、土壤含盐量以及土壤电导率四个指标。主要原因如下：

（1）土壤中盐分主要分为可溶性盐与难溶性盐。土壤电导率作为土壤理化性质的代表指标可以较好地反映可溶性盐离子的土层盐分动态，而土壤含盐量反映的是土壤中所含各种盐分总和与干土质量的占比情况。大量研究已经表明土壤盐渍化过程主要是以可溶性盐离子为第一驱动因素、以难溶性盐分为次要驱动因素所综合产生的复合过程。可以通过将两者结合来满足盐渍化状态分析的多源性与全面性。

（2）土壤盐渍化过程是一个多层次驱动、多要素参与、多过程耦合的复杂过程。大量学者研究表明，将土壤含盐量与土壤电导率同时作为风险指标的盐渍化风险评价结果更具有代表性且能更好反映土壤盐渍化的空间异质性。

从表层土壤含盐量（0～20cm 土层）的插值结果来看（图 5.16），研究区表层土壤含盐量在时间序列上表征出明显的加剧态势，并在空间上表现出由东部封闭型水文地质单元以弧射状向中部及西北部增强的空间格局。表层土壤含盐量较高区主要集中分布在灌区东部的封闭型水文地质单元，灌区中部地区、西北部区域表层土壤盐分则相对较低，在 0.02%～0.75% 之间。灌区整体表层土壤含盐量的节域在 0.02%～1.35% 之间。结合特征值情况来分析（表 5.10），1994 年、2002 年、2010 年及 2018 年的表层土壤含盐量平均值分别为 0.42%、0.53%、0.58% 和 0.61%。从平均值的变化趋势来看，灌区内表土含盐量整体呈增长趋势。

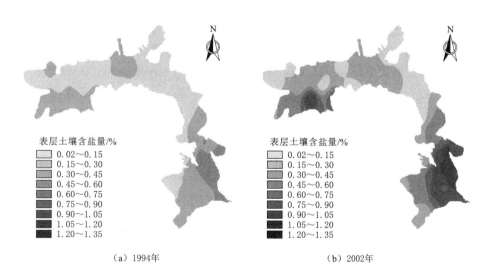

（a）1994年　　　　　　　　　　　（b）2002年

图 5.16（一）　景电灌区四期表层土壤含盐量空间插值结果

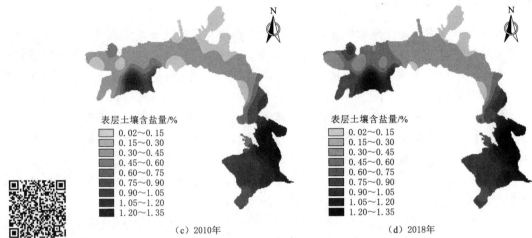

（c）2010年　　　　　　　　　　（d）2018年

彩图　　　　　　图 5.16（二）　景电灌区四期表层土壤含盐量空间插值结果

表 5.10　　　　　　　　　　　景电灌区表层土壤含盐量特征值

年　份	1994	2002	2010	2018
最小值/％	0.03	0.04	0.06	0.05
最大值/％	1.08	1.12	1.28	1.33
平均值/％	0.42	0.53	0.58	0.61

5.3.5　土壤含盐量

根据景电灌区长序列的土地调查资料，将研究区 1994 年、2002 年、2010 年和 2018 年内 0～100cm 土层以 20cm 为等差的五组土壤含盐量进行叠加，以 100cm 内土层全盐量研究灌区土壤水盐分异进程。基于 ArcGIS 中 Spatial Analyst 模块对灌区四个时期的土壤盐分实测数据进行空间插值。由土壤盐分空间插值结果（图 5.17），结合表 5.11 可知，由于 1994 年有大面积的土地开垦，大量的土地资源产生，灌水时间短，加之灌水洗盐，使得土壤盐分含量较低。在 1994—2018 年，人类活动对灌区内水土资源干扰的加剧和长期不合理的灌溉模式，导致土壤盐分含量剧增，由 1994 年的盐分特征范围 0.42％～2.01％增长到了 2018 年的 0.53％～3.06％；平均值从 1994 年的 1.36％增长到了 2018 年的 1.65％，表明灌区内土壤盐碱化程度整体处于恶化的演化态势，从空间分布演化过程来看，与表层土壤盐分的空间分布演化格局基本表征一致。受灌区特殊水文地质条件限制，灌区东部的封闭型水文地质单元是盐碱化程度最为严重的区域。相比而言，灌区中部地区的温都尔勒图以及红水镇区域受土地利用方式的制约，主要为戈壁、沙地及未耕种地，土壤盐碱化程度则相对较弱。

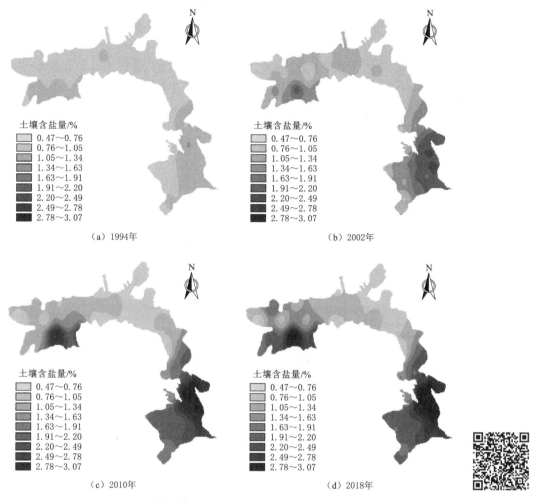

图 5.17 景电灌区四期土壤含盐量空间插值结果   彩图

表 5.11   景电灌区土壤含盐量特征值

年 份	1994	2002	2010	2018
最小值/%	0.42	0.47	0.51	0.53
最大值/%	2.01	2.55	2.92	3.06
平均值/%	1.36	1.49	1.56	1.65

5.3.6 表层土壤电导率

表层土壤电导率及土壤电导率是一种可用于表征土壤盐分、质地结构、养分含量及 pH 值等信息的理化指标。已有的土壤可溶性盐含量与土壤电导率的相关研究表明,在一定浓度范围约束下,土壤电导率与土壤中可溶性盐含量之间的关系呈正比。即随着土壤中可溶性盐含量的增加,土壤电导率也随之增加,可见土壤电导率与土壤中的盐分离子在一定程度上存在定量关系。

　　基于 ArcGIS 中 Spatial Analyst 模块将灌区四个时期的表层土壤电导率测定数据进行空间插值。结合插值结果（图 5.18）和表 5.12 可知，在空间上，表层土壤电导率与表层土壤含盐量及土壤含盐量表现出较高的空间一致性。灌区内表层土壤电导率整体呈现出区域性升高的趋势，且表征出较为明显的点散状向面状演变趋势。结合特征统计结果（表5.12），灌区表层土壤电导率最小值由 1994 年的 0.12mS/cm 升高至 2018 年的 0.21mS/cm，增加了 0.09mS/cm；表层土壤电导率最大值由 1994 年的 0.94mS/cm 升高至 2018 年的1.24mS/cm，增加了 0.30mS/cm；平均值由 1994 年的 0.52mS/cm 升高至 2018 年的0.82mS/cm，增加了 0.30mS/cm。

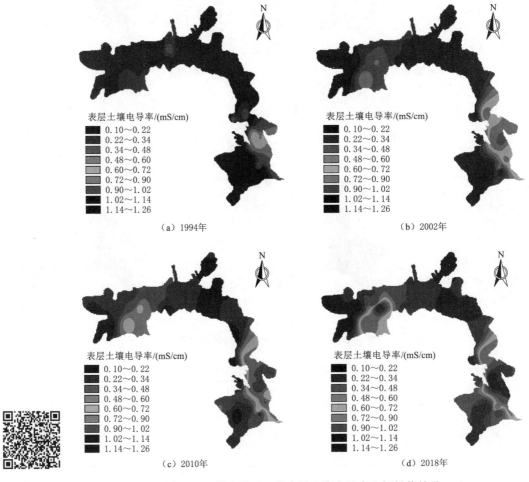

彩图　　　　　　　　　　　图 5.18　景电灌区四期表层土壤电导率空间插值结果

表 5.12　　　　　　　　　　　景电灌区表层土壤电导率特征值　　　　　　　　　单位：mS/cm

年　份	1994	2002	2010	2018
最小值	0.12	0.15	0.18	0.21
最大值	0.94	1.06	1.16	1.24
平均值	0.52	0.66	0.71	0.82

5.3.7　土壤电导率

土壤电导率与土壤的结构、纹理、湿度以及地下水的盐度等因素有关，土壤电导率可以较好地弥补盐分指标的单一性与不全面性，也可以更好地反映土壤盐碱化的实际土壤理化状态，是研究精细农业的重要研究指标。将灌区四个时期的土壤电导率测定数据进行空间插值。结合插值结果（图5.19）以及特征值分布情况（表5.13），灌区土壤电导率最小值由1994年的0.26mS/cm升高至2018年的0.33mS/cm，增加了0.07mS/cm；土壤电导率最大值由1994年的2.53mS/cm升高至2018年的2.85mS/cm，增加了0.32mS/cm；平均值由1994年的1.69mS/cm升高至2018年的1.96mS/cm，增加了0.27mS/cm。从土壤电导率特征统计结果以及插值结果空间分布来看，灌区东部封闭型水文地质单元内的土壤理化特征演变最为明显，在1994—2018年发生了极为明显的生态演变。随着灌区土壤含盐量的不断升高，土壤电导率也在不断提升，这反映出灌区内土地资源已经改变了自然状态下的水热盐均衡状态（高温、缺少雨水淋洗、蒸发强烈），土壤中的盐分、水分、质地、有机质、温度势等均在发生明显的人为驱动式演化变迁过程。

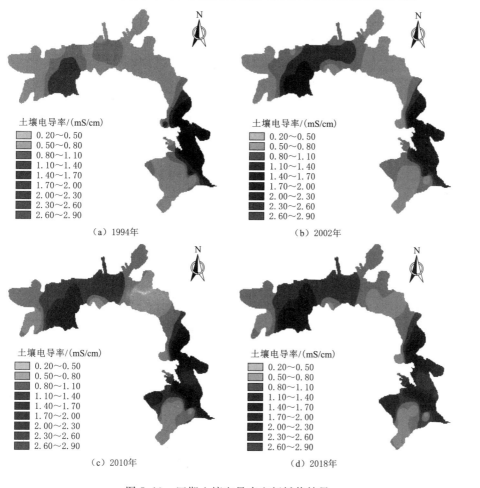

（a）1994年　　　　　　　　　　（b）2002年

（c）2010年　　　　　　　　　　（d）2018年

图5.19　四期土壤电导率空间插值结果

彩图

表 5.13　　　　　　　　　景电灌区土壤电导率特征值　　　　　　　单位：mS/cm

年　份	1994	2002	2010	2018
最小值	0.26	0.29	0.33	0.33
最大值	2.53	2.65	2.71	2.85
平均值	1.69	1.74	1.87	1.96

5.3.8　地下水埋深

受灌区内开敞型、封闭型水文地质条件的地质构造影响，灌区内地下水埋深在两种水文地质单元表征出较为明显的空间差异性，按此可将灌区内地下水埋深分布类型归结为四类，分别为灌溉排水型、灌溉蒸发型、水文蒸发型、人工开采型，见表 5.14。

表 5.14　　　　　　　　　　景电灌区地下水埋深分布类型

地下水埋深分布类型	灌溉排水型	灌溉蒸发型	水文蒸发型	人工开采型
分布特征	受控于农业灌溉影响，农田区域的浅层地下水动态变化明显，灌溉期水位快速上升，非灌溉期水位迅速回落	主要对应于封闭型单元的汇水聚盐区域以及浅埋深区域，受控于灌溉及蒸发的耦合影响，埋深增加缓慢但抬升较快	主要对应灌区内非农业适耕区、荒漠区等区域。地下水动态主要受控于大气降水以及大气蒸发	对应水质较好且地下水开采较为方便的区域，地下水动态主要受控于人类生产活动及开采速率

对灌区四个时期的地下水埋深监测数据进行空间插值。结合插值结果（图 5.20）以及特征值分布情况（表 5.15）可知，1994—2018 年，灌区内地下水埋深整体表征出逐渐减小的空间态势，且表征最为明显的为二期灌区内西靖乡—大靖镇—海子滩镇对应的盆地区域以及一期灌区内对应的草窝滩镇、芦阳镇盆地区域。灌区地下水埋深最小值由 1994 年的 3.57m 减小到了 2018 年的 −0.31m，减少了 3.88m；地下水埋深最大值由 1994 年的 74.68m 减小到了 2018 年的 69.24m，减少了 5.44m；平均值由 1994 年的 45.87m 减小到了 2018 年的 41.32m，减少了 4.55m。图 5.20 表明，灌区内受不合理灌溉模式影响，区域内地下水补给速率大于地下水排泄速率，打破了自然状态下的地下水补给排泄均衡状态，使得区域内地下水埋深整体呈减小的趋势。

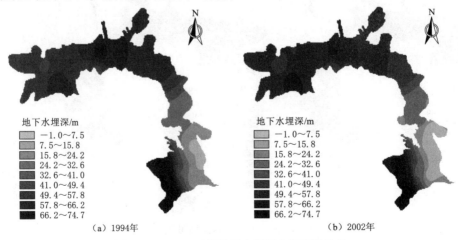

图 5.20（一）　四期地下水埋深空间插值结果

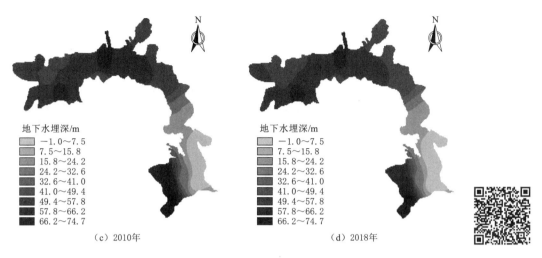

| (c) 2010年 | (d) 2018年 |

图 5.20（二） 四期地下水埋深空间插值结果　　　　　　　　　　彩图

表 5.15　　　　　　　　　　　景电灌区地下水埋深特征值　　　　　　　　　单位：m

年　份	1994	2002	2010	2018
最小值	3.57	3.42	−0.26	−0.31
最大值	74.68	72.88	70.14	69.24
平均值	45.87	43.98	42.08	41.32

5.3.9　地下水矿化度

将灌区四个时期地下水矿化度进行空间插值（图 5.21）。从空间分布来看，灌区内地下水矿化度增加较为明显的为东部的封闭型水文地质单元，该区域地下水排泄不畅，加之灌溉背景下土地洗盐过程的不断进行，进一步推动了地下水中盐分及矿化物质的积累。该区域的地下水矿化度演化过程可分解为两个演变阶段，第一阶段为地下水矿化度隐性降低阶段，即随着灌溉洗盐过程的进行，地下水初始排泄速率增加，在一定程度上加速了地下水中盐分因素的耗散，地下水矿化度表现出较小的减小趋势。第二阶段为地下水矿化度的显性增加阶段，随着灌水速率的提升以及灌溉用水量的增加，灌水速率和灌溉用水量远大于地下水的排泄速率，导致地下水中盐分浓度不断升高，最终致使地下水矿化度的增加。灌区地下水矿化度空间插值结果（图 5.21）表明，灌区内地下水矿化度与地下水埋深的空间分布表现出较为明显的反向一致性，由东部封闭型区域向西北部的开敞型水文地质区域以弧射状的空间过程减弱。结合 1994—2018 年的地下水矿化度特征结果（表 5.16），灌区地下水矿化度最大值由 1994 年的 1.63g/L 增加到了 2018 年的 1.65g/L；地下水矿化度最大值由 1994 年的 4.51g/L 增加到了 2018 年的 6.86g/L；平均值由 1994 年的 2.63g/L 增加到了 3.94g/L。表明灌区内地下水矿化度整体呈一定程度的升高趋势。

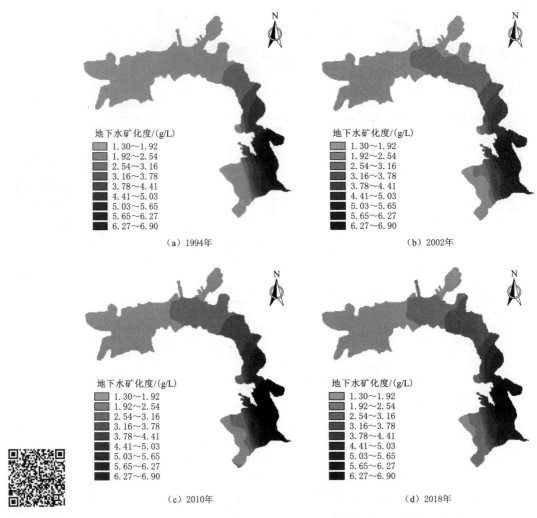

图 5.21　四期地下水矿化度空间插值结果

彩图

表 5.16　　　　　　　　　　　　景电灌区地下水矿化度特征值　　　　　　　　　　　单位：g/L

年　份	1994	2002	2010	2018
最小值	1.63	1.67	1.68	1.65
最大值	4.51	4.58	5.41	6.86
平均值	2.63	3.25	3.65	3.94

5.3.10　地表灌溉水量

将 1994 年、2002 年、2010 年以及 2018 年的地表灌溉水量统计结果进行空间插值（图 5.22），并将插值所得结果进行特征值统计（表 5.17）。由地表灌溉水量的时空演化过程以及特征值统计结果可知，随着灌区内灌溉配水工程的完善，灌区内地表灌溉水量在空间上表现出明显的递增，且以二期灌区尤为明显。灌水量相对较少的区域主要集中分布在灌区东部的封闭型水文地质单元以及直滩乡、海子滩乡东部区域、红水镇南部区域，这些区域地表灌溉水量较少，主要受到了地质构造、地形特征以及土地利用方式的影响，一方面水土资源开发过程相对困难，另一方面是上述区域的环境本底本就比较脆弱，对于外调水资源的注入极端敏感，容易加剧生态风险。其他区域随着人类生产活动的加剧，水土资源开发过程不断推进，生态用水、工业用水、农业用水以及生活用水需求不断增大，导致地表灌溉水量随之增大。地表灌溉水量最小值由1994 年的 20.14 万 m^3 提升到了 2018 年的 95.27 万 m^3，增加了 75.13 万 m^3，主要集中分布在二期灌区；地表灌溉水量最大值由 1994 年的 181.22 万 m^3 提升到了 2018 年的215.31 万 m^3，增加了 34.09 万 m^3；地表灌溉水量平均值由 1994 年的 101.38 万 m^3 提升到了 2018 年的 160.52 万 m^3，增加了 59.14 万 m^3。由此可见，灌区内地表灌溉水量整体呈现出较为稳定的递增趋势。

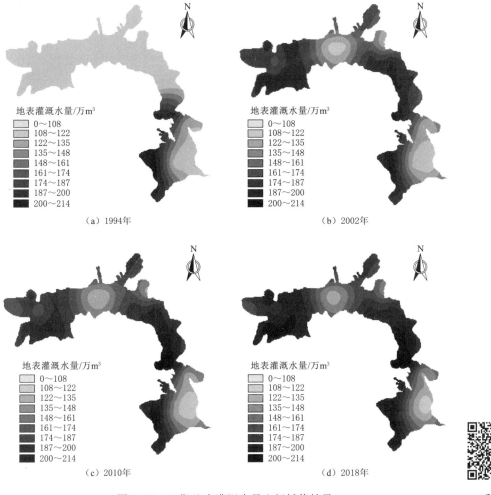

图 5.22 四期地表灌溉水量空间插值结果

 彩图

127

表 5.17		景电灌区地表灌溉水量特征值		单位：万 m³
年 份	1994	2002	2010	2018
最小值	20.14	75.32	90.03	95.27
最大值	181.22	195.28	202.21	215.31
平均值	101.38	144.65	152.54	160.52

5.3.11　植被覆盖度

5.3.11.1　基于像元二分模型计算植被覆盖度

植被覆盖度 VFC 是反映地表生态系统的重要指标，指地表植被在垂直投影方向的面积与统计单元的百分比。本书基于 Landsat 系列遥感影像数据，采用像元二分模型计算灌区植被覆盖度。归一化植被指数 NDVI 是采用遥感数据进行植被覆盖度计算过程中的关键要素，其理论值域介于 $-1\sim1$ 之间，但由于在空间数据处理过程中，往往受云量分布、大气干扰等要素的影响会出现异常值，需对异常值进行二次赋值，即 NDVI 大于 1 时，取 1，NDVI 小于 -1 时，取 -1。

其定义如下：

$$\text{NDVI} = \frac{\rho_n - \rho_r}{\rho_n + \rho_r} \tag{5.23}$$

式中：ρ_n 为地表近红外（$0.70\sim1.10\mu m$）的反射值；ρ_r 为红光波段（$0.40\sim0.70\mu m$）的反射值。

在对遥感影像进行辐射定标、大气校正等空间处理后，进行 NDVI 计算并处理异常值，对检验处理后的 NDVI 基于像元二分模型进行植被覆盖度计算，计算过程如下：

$$\text{VFC} = (\text{NDVI} - \text{NDVI}_{soil})/(\text{NDVI}_{veg} - \text{NDVI}_{soil}) \tag{5.24}$$

式中：NDVI_{soil}、NDVI_{veg} 分别为无植被覆盖像元、完全被覆盖像元的归一化植被指数值。

在实际处理过程中受时空变化影响，NDVI_{soil}、NDVI_{veg} 并不能直接确定。结合已有对植被覆盖度提取的相关研究，以 NDVI 累计概率分布直方图为基础，设置置信区间为（5%，95%），NDVI_{soil} 及 NDVI_{veg} 有效值分别对应置信区间的最大值与最小值。

5.3.11.2　植被覆盖度等级划分

结合甘肃省治沙研究所、水土保持中心对景电灌区植被覆盖状态的野外调查结果以及《土地利用现状调查技术规程》，综合考虑景电灌区的土地利用类型，将灌区植被覆盖度分为 4 个等级，分等结果见表 5.18。

表 5.18	景电灌区植被覆盖分等结果	
分　等	植被覆盖度	土地覆被特征
极低覆盖	VFC<10%	沙地、戈壁、居民地等
低覆盖	10%≤VFC<30%	稀疏草地
中覆盖	30%≤VFC<60%	高覆盖度草地、林地和旱地
高覆盖	VFC≥60%	密林地、高覆盖度草地和耕地

从植被覆盖度的空间解译结果（图 5.23）来看，1994—2018 年，灌区植被覆盖度在

空间上明显增加。整体表征出由一期灌区逐渐向二期灌区演化的时空演化规律，这主要是由于随着二期灌区内灌溉配水设施结构的不断完善，二期灌区内生态及农业用水得到了较为充分的保障。

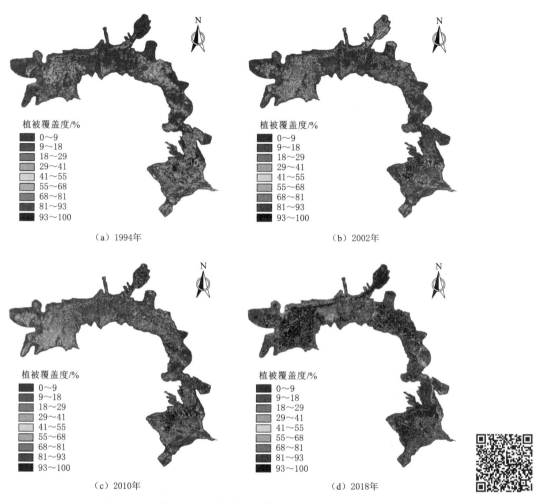

图 5.23 景电灌区四期植被覆盖度空间解译结果   彩图

利用 ArcGIS 10.2 软件的分析统计模块，按照植被覆盖分等结果分别统计 1994 年、2002 年、2010 年和 2018 年四期的植被覆盖度，统计结果见表 5.19。由统计结果可知，灌区 1994 年极低覆盖度区域面积为 97889.46hm²，占研究区总面积的 62.55%，高覆盖度区域面积为 10619.28hm²，占研究区总面积的 6.79%；2002 年的极低覆盖度区域面积为 90769.02hm²，占研究区总面积的 58.00%，高覆盖度区域面积为 16587.27hm²，占研究区总面积的 10.60%；2010 年的极低覆盖度区域面积为 77627.76hm²，占研究区总面积的 49.60%，高覆盖度区域面积为 20293.47hm²，占研究区总面积的 12.97%；2018 年的极低覆盖度区域面积为 58020.18hm²，占研究区总面积的 37.07%，高覆盖度区域面积为 55977.30hm²，占研究区总面积的 35.77%。由此可见，灌区内植被覆盖度整体表现出由低覆盖度向高覆盖度过渡的趋势。

129

表5.19　　　　　　　　　　　　　　　　　四期植被覆盖度变化

年份	面积/占比	极低覆盖度	低覆盖度	中覆盖度	高覆盖度
1994	面积/hm²	97889.46	25617.69	22376.61	10619.28
	占比/%	62.55	16.37	14.29	6.79
2002	面积/hm²	90769.02	29751.48	19395.27	16587.27
	占比/%	58.00	19.01	12.39	10.60
2010	面积/hm²	77627.76	37477.08	21104.73	20293.47
	占比/%	49.60	23.94	13.49	12.97
2018	面积/hm²	58020.18	23322.96	19182.6	55977.30
	占比/%	37.07	14.90	12.26	35.77

5.3.12　水土协调度

水土协调度是反映一个研究区单位区域内水资源与土地资源协调情况的重要指标，也是反映水土资源承载状态的关键要素。其定义为研究区单位区域水资源量与单位区域土地资源的比值，该比值的大小反映了研究区内水土资源的适配能力与土地资源的发展状态。已有研究表明，我国南方5省区的水土协调度均值在3.00左右，北方7省的则仅为0.38。结合景电灌区四期水土协调度的空间分布结果（图5.24），1994年灌区水土协调度最大值为0.38，最小值仅为0.14，平均值为0.28，较高区域主要集中分布在一期灌区内，二期灌区水土协调度等级均较低；2002年灌区水土协调度最大值为0.54，最小值为0.18，平均值为0.39，二期灌区内水土协调度在一定程度上有了改善；2010年灌区水土协调度最大值为1.08，最小值为0.26，平均值为0.61；2018年灌区水土协调度最大值则达到了1.45，最小值为0.29，平均值为0.89。结合特征值统计结果（表5.20）来看，虽然灌区内水土协调度随着灌溉配水过程得以改善，但整体干旱基数仍比较大，且直滩乡、西靖乡等靠近戈壁、荒地等土地类型的区域，水土协调度仍然较低。水土资源承载压力较大。在未来应进一步加强对这些区域进行水土资源的优化配置，提升其水土环境的自我修复能力。

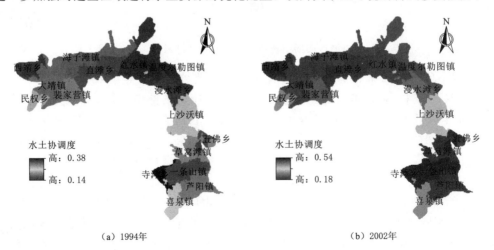

（a）1994年　　　　　　　　　　　　　　（b）2002年

图5.24（一）　四期水土协调度空间插值结果

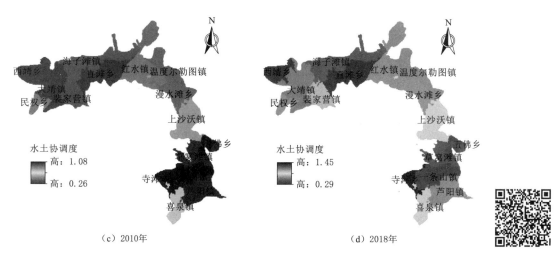

（c）2010年　　　　　　　　　　　（d）2018年

图 5.24（二）　四期水土协调度空间插值结果

彩图

表 5.20　　　　　　　　　　　景电灌区水土协调度特征值

年　份	1994	2002	2010	2018
最小值	0.14	0.18	0.26	0.29
最大值	0.38	0.54	1.08	1.45
平均值	0.28	0.39	0.61	0.89

5.3.13　地表温度

地表温度是地表与大气之间产生能量流、物质流交换的重要驱动力，其主要应用于地热勘测、蒸散发能量监测、气候变换监测以及生态环境监测等领域。Landsat 热红外数据因其具连续性与高分辨率的特性被广泛应用于地表温度的反演中。传统的地表温度反演模型主要包括单通道算法与分裂窗算法两大类，其中单通道算法又可细分为基于辐射传输方程的算法、单窗算法、普适性单通道算法及实用单通道算法。相比于其他地表温度反演算法，单窗算法不仅考虑了传统算法所考虑的地表比辐射率，还考虑了大气辐射的干扰，在温度反演过程中所需控制参数相对较少且精度高、适用性强，同时对大气廓线的依赖相对较低，因而被广泛使用。因此本书采用单窗算法反演景电灌区不同研究节点的地表温度。

该反演模型通过引入大气平均作用温度与大气透过率，基于 Landsat 5 TM 第 6 波段数据对地表温度进行估算。其反演原理如下：

$$T_s = \frac{1}{C}\{a(1-C-D)+[b(1-C-D)+C+D]T_{sen} - DT_a\} \quad (5.25)$$

$$C = \varepsilon\tau \quad (5.26)$$

$$D = (1-\tau)[1+(1-\varepsilon)\tau] \quad (5.27)$$

式中：a 和 b 是普朗克方程相关的系数；T_a 是大气平均作用温度，K。

由于 Landsat 8 系列数据光谱范围、响应函数与 Landsat 5 不同，需要对参数 a 和 b

重新进行拟合。Landsat 5 TM 第 6 波段系数 a_6、b_6 以及 Landsat 8 TIRS 第 10 波段系数 a_{10}、b_{10} 见表 5.21。

表 5.21 单窗算法中普朗克方程相关系数 a 和 b

Landsat 5 系列数据			Landsat 8 系列数据		
温度范围/℃	a_6	b_6	温度范围/℃	a_{10}	b_{10}
0~30	−60.3263	0.43436	20~70	−70.1775	0.4581
10~40	−63.1885	0.44411	0~50	−62.7182	0.4339
20~50	−67.9542	0.45987	−20~30	−55.4276	0.4086
30~60	−71.9992	0.47271	—	—	—

考虑到植被覆盖信息对于地表温度的影响，本书采用单窗算法对灌区 1994 年、2002 年、2010 年、2018 年的夏季地表温度进行反演，结果如图 5.25 所示。结合灌区地表温度空间分布参考有关研究，将灌区内地表温度按照自然间断分级法分为 5 类，分别为低温

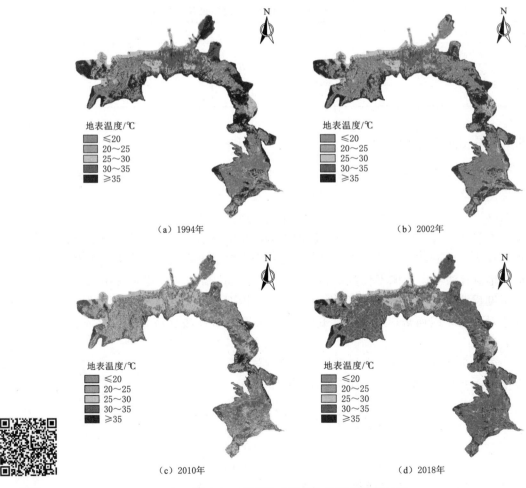

（a）1994年　　　　　　　　　　（b）2002年

（c）2010年　　　　　　　　　　（d）2018年

彩图　　　　　　　　图 5.25　四期地表温度空间插值解译结果

区、次低温区、中温区、次高温区以及高温区。结合灌区各研究节点地表温度的空间分布来看，1994—2018 年，随着灌区内水土资源开发过程的不断推进，灌区内绿色区域（低温区）面积明显增多，红色区域面积（高温区）面积明显减少。结合灌区四期地表温度变化情况统计结果（表 5.22）来看，1994 年高温区为 26894.61hm²，占总面积的 17.18%，低温区仅为 1168.49hm²，占总面积的 0.75%；到 2018 年，灌区高温区减少为 21031.72hm²，仅占总面积的 13.44%，低温区为 42836.76hm²，占总面积的 27.37%。结合灌区内土地利用类型的时空演化特征，可发现灌区内低温区、次低温区的增多，主要由于灌区内耕地面积不断增加所致，而高温区、次高温区则主要集中分布在戈壁及荒漠区。整体来看，灌区地表温度由高温区、次高温区向中温区、次低温区及低温区的过渡，反映出随着灌区的不断开发，灌区内能量平衡逐渐从非稳定状态向稳定状态的演变。

表 5.22   景电灌区四期地表温度变化情况

年份	面积/占比	低温区	次低温区	中温区	次高温区	高温区
1994	面积/hm²	1168.49	40849.74	45929.43	41660.73	26894.61
	占比/%	0.75	26.1	29.35	26.62	17.18
2002	面积/hm²	12221.64	38210.58	48239.82	41810.85	16020.11
	占比/%	7.81	24.41	30.82	26.72	10.24
2010	面积/hm²	22676.76	38518.49	46620.09	31412.43	17275.23
	占比/%	14.49	24.61	29.79	20.07	11.04
2018	面积/hm²	42836.76	29512.41	31626.55	31495.56	21031.72
	占比/%	27.37	18.86	20.21	20.12	13.44

5.3.14　地表反照率

地表反照率是陆面过程模式以及气候变换模式研究中一个极其重要的物理参数，其大小可以反映出地表对于太阳短波辐射的反射能力。受下垫面特征影响，植被覆盖度、土地利用类型、土壤特征参数、人类活动等都可以对地表反照率起显性或者隐性作用，从而对地表通量，如潜热通量、感热通量以及土壤热通量起到影响，也可以对气候参量起到微观驱动作用，从而改变近地表的能量平衡。景电灌区为典型的干旱-半干旱地区，受大陆性气候主导，干旱、少雨，蒸发强烈。其荒漠环境在区域气候变化方面既表现了全球变化，又具有区域变化的特征，能够敏感地反映气候的干湿冷暖变化过程。结合邓小进 等（2021）对准噶尔盆地地表反照率时空变化特征研究，基于此方法，对景电灌区内四个时期 7 月的地表反照率进行反演研究，其反演结果如图 5.26 所示。从反演结果来看，景电灌区地表反照率的空间分布状态具有明显的空间差异性，整体表现出边缘地带反照率高于内部区域的空间分布特点，主要由于边缘区为戈壁、荒地等下垫面特征地貌，而中部区域主要为耕地等地貌特征单元。利用 ArcGIS 的空间分析统计各时期的地表反照率特征值，结果见表 5.23。由统计结果可知，景电灌区 1994 年、2002 年、2010 年及 2018 年地表反照率最大值分别为 0.44、0.43、0.41、0.37，最小值分别为 0.11、0.08、0.06、0.05，平均值分别为 0.29、0.25、0.23、0.19。表明在 1994—2018 年，随着灌区的发展，灌区地表反照率处于一个降低的趋势，进而对灌区地面能量平衡起到良性驱动作用。同时表明灌区内的下垫面特征处于一种由高反射状态向低反射状态的过渡趋势，结合灌区各时期的土地利用方式、植被覆盖特征等水土资源驱动要素来看，这一现象的出现主要受地表植被覆盖影响，随着灌区植被覆盖度的升高，地表反照率与其表征出明显的反比例关系。

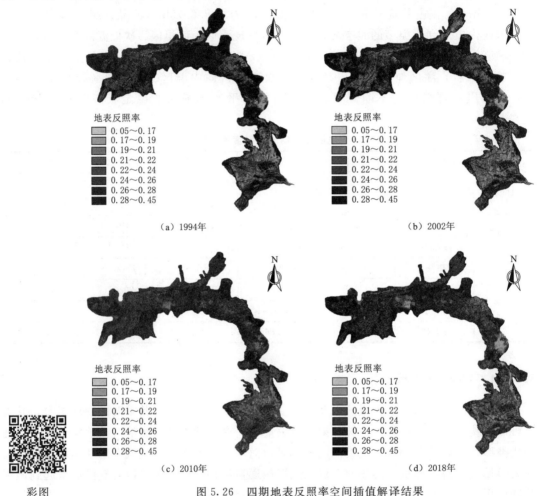

（a）1994年　　　　　　　　　　　　　（b）2002年

（c）2010年　　　　　　　　　　　　　（d）2018年

彩图　　　　　　　　　　图 5.26　四期地表反照率空间插值解译结果

表 5.23　　　　　　　　　　　景电灌区地表反照率特征值

年　份	1994	2002	2010	2018
最小值	0.11	0.08	0.06	0.05
最大值	0.44	0.43	0.41	0.37
平均值	0.29	0.25	0.23	0.19

5.3.15　土地污染负荷

土地污染负荷是指单位面积土地中污染物的总质量，是反映土地受人类生产活动影响后污染物累计程度的重要理化指标。结合景电灌区、甘肃省水土保持监测中心以及景泰县统计年鉴等相关监测资料，将土地污染负荷测定数据基于 ArcGIS 中 Spatial Analyst 模块进行空间插值，结果如图 5.27 所示。在空间上，土地污染负荷整体表征出一期灌区高于二期灌区、一期灌区中西部高于其他区域的空间分布格局。高污染负荷区主要集中分布在城镇及人口密度相对较大的区域。这主要由于在城镇以及人口集中区，人类生产活动相对较为剧烈，污染物释放当量相对高于其他区域。各时期的土地污染物负荷特征值统计结果见表 5.24。由特征统计结果来看，灌区土地污染物负荷最小值由 1994 年的 1.90kg/hm² 升高至 2018 年的 4.40kg/hm²，增加了 2.50kg/hm²；土地污染物负荷最大值由 1994 年的 5.09kg/hm² 升高至 2018 年的 9.19kg/hm²，增加了 4.10kg/hm²；平均值由 1994 年的 3.21kg/hm² 升高至 2018 年的 6.33kg/hm²，增加了 3.12kg/hm²。表明灌区内土地污染负荷随着人类生产活动的加剧也随之增加。

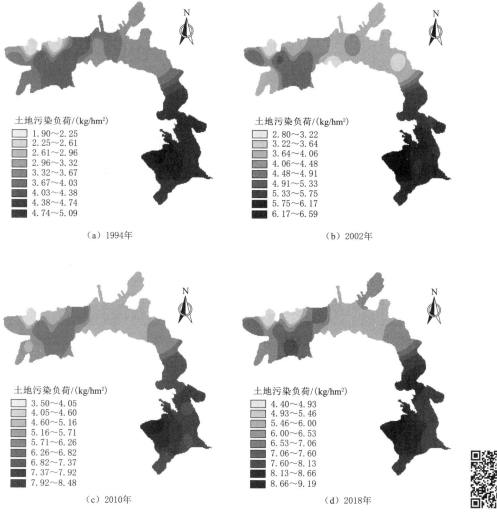

图 5.27　四期土地污染负荷空间插值结果

彩图

表 5.24　　　　　　　　　　　景电灌区土地污染负荷特征值　　　　　　　　　　单位：kg/hm²

年　份	1994	2002	2010	2018
最小值	1.90	2.80	3.50	4.40
最大值	5.09	6.59	8.48	9.19
平均值	3.21	4.15	5.27	6.33

5.3.16　土地利用类型

　　土地利用类型是反映土地利用动态变化与景观生态格局演变的重要指标，对于地处干旱荒漠区的景电灌区，其受外调水资源影响，灌区运行前后土地利用类型的空间分布与时空演变是反映灌区是否处于良性运作的重要评价要素，也是揭示近现代水土资源生态过程的关键指标。

　　不同土地利用类型对于水土资源反馈形成的承载压力存在较大的差异性，为揭示景电灌区运行以来的土地利用类型空间分布格局，本研究先对灌区内东部封闭型水文典型地质单元进行了近地无人机航拍扫描，为提高解译的精度，将航拍扫描影像基于 UASMaster 影像集成，并利用 POS 数据完成数据定向及点云提取，最后通过配准、建模获取整体航拍扫描数据，确定兴趣区提取遥感解译的解译标志，各土地利用类型的空间解译标志见图 5.28 与表 5.25。

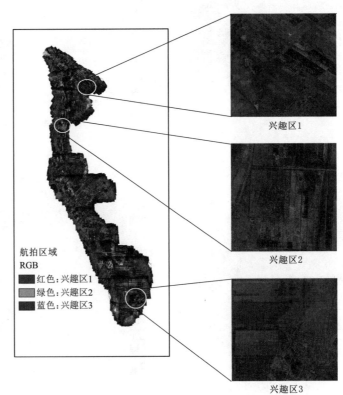

兴趣区1

兴趣区2

航拍区域
RGB
■ 红色：兴趣区1
■ 绿色：兴趣区2
■ 蓝色：兴趣区3

兴趣区3

彩图　　　　　　　　　　　图 5.28　航拍扫描拼接及典型兴趣区提取

表 5.25　　　　　　　　　　　　遥感影像解译标志

实拍样本				
样本特征	样本特征呈白色光斑，无植被覆盖	白色光斑相对较少，有少量植被覆盖	植被中包被少量白色光斑	样本特征表征为褐色
解译要素	重度盐碱地	中度盐碱地	轻度盐碱地	耕地
实拍样本				
样本特征	样本特征表征出浅黑色	样本特征表征复杂且呈枯黄色	纹理复杂，黑色与褐色相交互	样本特征呈浅绿色，纹理清晰
解译要素	沙地	戈壁	居民地	草地

　　为开展灌区土地利用类型解译的研究，在各研究节点 Landsat 系列数据的基础上，进行人机交互式解译，通过反复训练解译样本集，使其解译精度矩阵均达到 0.85 以上，最终得到研究区 1994 年、2002 年、2010 年、2018 年的土地利用类型空间解译结果如图 5.29 所示。

　　由解译结果的空间分布来看，灌区内土地利用类型地物单元主要包括：建筑交通用地、草地、戈壁、沙地及未耕种地、耕地、重度盐碱地、中度盐碱地以及轻度盐碱地 8 类，其中戈壁及未耕种地主要集中分布在灌区的边缘地带。从演变的空间格局上可以明显看出，灌区内整体表征出耕地面积增大、戈壁及未耕种地面积减小的空间格局。

　　由各时期不同土地利用格局的统计结果（表 5.26）可知，在 1994 年，灌区各土地利用类型中，戈壁占比最高，为 44.00%，研究区耕地所占面积比率仅为 16.04%。随着灌区的运行发展，灌区内土地资源得到了有效的开发利用，戈壁由 1994 年的 68867hm^2 收缩为 2018 年的 40065hm^2，草地由 1994 年的 15603hm^2 缩减至 2018 年的 7289hm^2，沙地及未耕种地由 1994 年的 44004hm^2 缩减到 2018 年的 20135hm^2，而耕地由 1994 年的 25107hm^2 扩张为 2018 年的 77234hm^2。虽然通过水资源外调的方式在干旱荒漠区发展了大面积的人工绿洲，但受灌溉模式以及灌区运行条件的影响，加之当地独特的高蒸发低降雨的气候条件，在一定程度上驱动了灌区内以土壤盐渍化为主的近现代地表生态演变过程。轻度盐碱化面积由 1994 年的 1280hm^2 扩张为 2018 年的 3662hm^2，增加了 2382hm^2。中度盐碱地面积 1994 年的 65hm^2 扩张为 2018 年的 246hm^2，增加了 181hm^2。重度盐碱地面积则经历了先升高后降低的过程，这主要由于在此过程中，灌区开始加大对于盐碱化的治理，主要通过将灌区普遍采用的漫灌、串灌等粗放的灌溉模式改为畦灌、沟灌、小块灌等节水灌溉模式，且严格控制灌溉定额。另外，在井灌、引黄交叉灌区，将井水与黄河水适当混掺利用，减少了对引黄水源的依赖，加速了地下水盐循环，改良了盐碱化土壤。盐碱地作为灌区生态修复的重要障碍因素，结合灌区的水文地质与环境本底实况，应进一步推进采用"生物治碱＋化学治碱＋工程治碱"复合治理模式，使灌区内土地盐碱化的演变态势得到有效抑制。

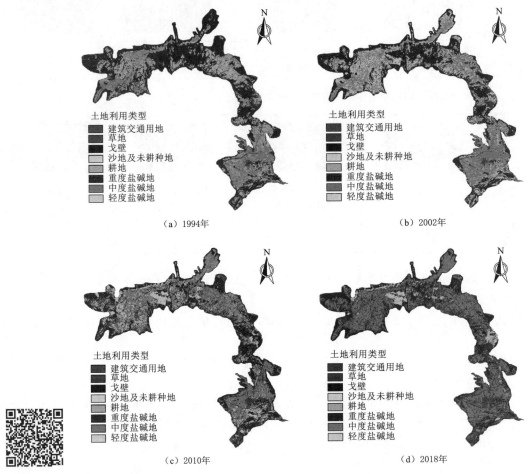

（a）1994年 （b）2002年

（c）2010年 （d）2018年

彩图　　　　　　　　　　　　　图 5.29　四期土地利用类型遥感反演结果

表 5.26　　　　　　　　　　　　1994—2018 年土地利用类型变化

土地利用类型	1994 年		2002 年		2010 年		2018 年	
	面积/hm²	比例/%	面积/hm²	比例/%	面积/hm²	比例/%	面积/hm²	比例/%
建筑交通用地	1574	1.01	2326	1.49	3872	2.47	7776	4.97
草地	15603	9.97	13006	8.31	11086	7.08	7289	4.66
戈壁	68867	44.00	58019	37.07	51665	33.03	40065	25.6
沙地及未耕种地	44004	28.12	43606	27.86	35121	22.44	20135	12.86
耕地	25107	16.04	37702	24.09	52246	33.38	77234	49.35
重度盐碱地	3	0.002	144	0.09	138	0.08	96	0.06
中度盐碱地	65	0.042	176	0.12	258	0.16	246	0.16
轻度盐碱地	1280	0.82	1524	0.97	2117	1.35	3662	2.34

5.3.17 人口密度

人口密度是指单位面积土地上人口的居住数量，是反映人口聚集密度的重要指标，由灌区水土资源承载系统动力学分析结果可知，人类生产活动是造成灌区水土资源承载压力增大的关键驱动要素。对由中国科学院资源环境科学与数据中心提供的各时期全国人口密度栅格数据进行掩模裁剪，得到灌区四个研究节点的人口密度空间分布栅格图件，如图 5.30 所示。从空间分布结果来看，人口分布较为集中的区域主要在一期灌区的一条山镇、芦阳镇及寺滩乡等区域。而随着灌区的不断运行与发展，二期灌区内的人口密度也显著增加，诸如民权乡、大靖镇、西靖乡、海子滩镇等区域。可见灌区的不断运行，改善了当地的水土环境现状和居住适宜度，使得灌区内人口数量及分布密度均得到了一定程度的提升。各时期的人口密度特征值统计结果见表 5.27。由特征统计结果来看，灌区人口密度最小值由 1994 年的 0.05 人/hm² 升高至 2018 年的 0.18 人/hm²；灌区人口密度最大值由 1994 年的 32.14 人/hm² 升高至 2018 年的 184.36 人/hm²；平均值由 1994 年的 3.28 人/hm² 升高至 2018 年的 20.17 人/hm²。

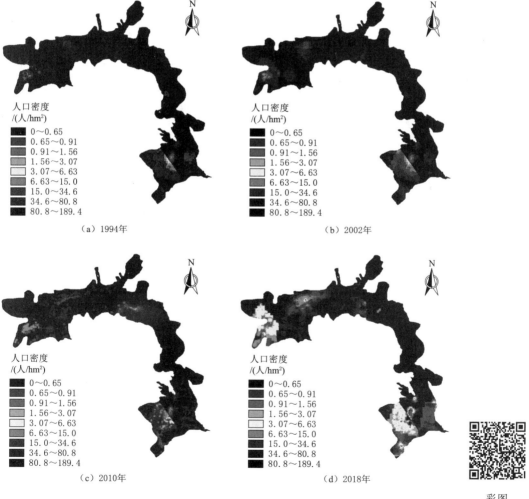

图 5.30 景电灌区人口密度空间插值结果

彩图

表 5.27　　　　　　　　　　　　景电灌区人口密度特征值　　　　　　　　　　单位：人/hm²

年　份	1994	2002	2010	2018
最小值	0.05	0.11	0.16	0.18
最大值	32.14	65.38	116.46	184.36
平均值	3.28	12.11	15.21	20.17

5.4　水土资源承载力变迁的驱动要素权重分析

5.4.1　熵权法

将源数据进行标准化处理后，由熵权法确定的各指标因子权重计算结果见表5.28。

表 5.28　　　　　　　　　熵权法"状态层"综合指标权重

指标	F_1	F_2	G_1	G_2	H_1	H_2	H_3	H_4	I_1
权重 ω_i	0.0205	0.0166	0.0447	0.0398	0.0779	0.0315	0.0688	0.0274	0.0839
指标	I_2	J_1	K_1	K_2	L_1	L_2	M_1	M_2	M_3
权重 ω_i	0.0901	0.0698	0.0348	0.1158	0.0675	0.0644	0.0623	0.0515	0.0327

注　F_1、F_2 分别指海拔和坡度，G_1、G_2 分别指年蒸发量和年降水量，H_1、H_2、H_3 和 H_4 分别指表层土壤含盐量、表层土壤电导率、土壤含盐量和土壤电导率，I_1、I_2 分别指地下水埋深和地下水矿化度，J_1 指地表灌溉水量，K_1、K_2 分别指植被覆盖度和水土协调度，L_1、L_2 分别指地表温度和地表反照率，M_1、M_2、M_3 分别指土地污染负荷、土地利用类型、人口密度，下表同。

由熵权法所获得的状态层指标权重计算结果来看，研究区区域尺度水土资源承载力驱动影响要素综合排序为：水土协调度（K_2）＞地下水矿化度（I_2）＞地下水埋深（I_1）＞表层土壤含盐量（H_1）＞地表灌溉水量（J_1）＞土壤含盐量（H_3）＞地表温度（L_1）＞地表反照率（L_2）＞土地污染负荷（M_1）＞土地利用类型（M_2）＞年蒸发量（G_1）＞年降水量（G_2）＞植被覆盖度（K_1）＞人口密度（M_3）＞表层土壤电导率（H_2）＞土壤电导率（H_4）＞海拔（F_1）＞坡度（F_2）。由熵权法获取的权重结果表明：水土协调度、地下水矿化度、地下水埋深及盐分指标是驱动灌区水土资源承载能力发生演变的主要因素。

5.4.2　组合赋权法

依据系统动力学分析所构建的多级模糊评价指标体系，需要逐级确定"状态层""因子层"及"过程层"的权重值。通过咨询本领域专家，确定各评价指标的重要性，以此来确定每个指标的排队等级并最终求解对应的指标权重。"状态层""因子层"及"过程层"指标权重见表5.29～表5.31。

表 5.29　　　　　　　　　　　"状态层"分级指标权重

指标	F_1	F_2	G_1	G_2	H_1	H_2	H_3	H_4	I_1
排队等级	2	2	1	2	1	2	1	3	1
权重	0.50	0.50	1	0.50	1	0.70	1	0.50	1
归一化	0.50	0.50	0.67	0.33	0.31	0.22	0.31	0.16	0.67

续表

指标	I_2	J_1	K_1	K_2	L_1	L_2	M_1	M_2	M_3
排队等级	2	1	1	2	1	2	2	1	2
权重	0.50	1	1	0.50	1	0.50	0.65	1	0.65
归一化	0.33	1	0.67	0.33	0.67	0.33	0.28	0.44	0.28

表 5.30   "因子层"指标权重

指标	F	G	H	I	J	K	L	M
排队等级	2	1	1	2	2	3	2	1
权重	0.5	1	1	0.70	0.70	0.50	0.50	1
归一化	0.67	0.33	0.35	0.24	0.24	0.17	0.33	0.67

表 5.31   "过程层"指标权重

指标	U_1	U_2	U_3
排队等级	2	1	2
权重	0.65	1	0.65
归一化	0.28	0.44	0.28

5.4.3 指标综合权重分析确定

驱动要素综合权重确定方式同指标分级权重确定方法一致。咨询本领域相关专家，根据各驱动要素的综合驱动效果以及重要度，同时结合景电灌区实际水土资源演化变迁过程及驱动机理，先确定各驱动要素的整体排队等级，然后结合式（5.21）确定出每一个状态层驱动要素的综合权重。"状态层"综合指标权重见表 5.32。

表 5.32   模型"状态层"综合指标权重

指标	F_1	F_2	G_1	G_2	H_1	H_2	H_3	H_4	I_1
排队等级 i	17	18	11	12	4	15	5	16	2
权重 ω_i	0.210	0.151	0.419	0.382	0.747	0.287	0.712	0.253	0.849
归一化 ω_i^*	0.0221	0.0159	0.0442	0.0402	0.0787	0.0302	0.075	0.0266	0.0894

指标	I_2	J_1	K_1	K_2	L_1	L_2	M_1	M_2	M_3
排队等级 i	3	6	13	1	7	8	9	10	14
权重 ω_i	0.789	0.681	0.349	1	0.650	0.618	0.581	0.500	0.319
归一化 ω_i^*	0.0831	0.0717	0.0367	0.1053	0.0684	0.0651	0.0612	0.0526	0.0336

由排队理论所获得的状态层指标权重结算结果来看，研究区区域尺度水土资源承载力驱动影响要素综合排序为：水土协调度（K_2）＞地下水埋深（I_1）＞地下水矿化度（I_2）＞表层土壤含盐量（H_1）＞土壤含盐量（H_3）＞地表灌溉水量（J_1）＞地表温度（L_1）＞地表反照率（L_2）＞土地污染负荷（M_1）＞土地利用类型（M_2）＞年蒸发量（G_1）＞年降水量

(G_2)＞植被覆盖度 (K_1)＞人口密度 (M_3)＞表层土壤电导率 (H_2)＞土壤电导率 (H_4)＞海拔 (F_1)＞坡度 (F_2)。

　　为进一步分析两种权重确定方式的差异性，将采用两种不同权重计算方法的结果进行对比分析，见表 5.33。

表 5.33　　　　　　　　　　　　　两种评价模型权重计算结果

指标	F_1	F_2	G_1	G_2	H_1	H_2	H_3	H_4	I_1
熵权法	0.0205	0.0166	0.0447	0.0398	0.0779	0.0315	0.0688	0.0274	0.0839
云模型	0.0221	0.0159	0.0442	0.0402	0.0787	0.0302	0.075	0.0266	0.0894

指标	I_2	J_1	K_1	K_2	L_1	L_2	M_1	M_2	M_3
熵权法	0.0901	0.0698	0.0348	0.1158	0.0675	0.0644	0.0623	0.0515	0.0327
云模型	0.0831	0.0717	0.0367	0.1053	0.0684	0.0651	0.0612	0.0526	0.0336

　　结合两种方法所确定的权重结果来看，两种权重确定分析模型仅在地下水埋深、地下水矿化度、地表灌溉水量及土壤含盐量这 4 个指标的权重结果排序上存在一定的差异性，这对于两种模型的评价确定结果均起到了反向验证的作用。由熵权法所确定的结果表明，地下水矿化度权重大于地下水埋深，且地表灌溉水量权重结果大于土壤含盐量。由排队理论所确定的结果则刚好与之相反。结合灌区的实际水土环境状态来分析，受长期不合理灌溉模式的影响，灌区内地下水埋深不断减小，地下水水位不断上升，加之灌区独特的水文地质构造，含盐地下水补给过足且排泄不畅，同时受灌区内强蒸发作用的驱动，导致地下水矿化度不断上升。即表明灌区内地下水埋深的动态变化是地下水矿化度产生动态变化的前置驱动，地下水埋深为后置变量。而土壤含盐量既是土地盐碱化程度的表征要素也是驱动要素，景电灌区受高蒸发、低降水等独特气候条件的影响，在灌溉背景下，土地盐渍化进程不断推进，在很大程度上限制了灌区内水土资源的开发利用，并加重了灌区内水土资源的承载负担。而地表灌溉水量虽为干旱荒漠区人工绿洲区提供了敏感要素——水，但就水土资源承载能力来说，属于输入要素及可控变量，故权重值应小于土壤盐碱化。

　　由各指标综合权重排序结果来看，水土协调度、地下水埋深、地下水矿化度、土壤含盐量以及地表灌溉水量是驱动景电灌区水土资源承载状态演化的关键制约要素。主要由于景电灌区为典型的干旱荒漠区人工绿洲，水土资源的空间配置是影响水土环境及水土资源承载的控导性因素；景电灌区盐碱化进程较为剧烈，是灌区水土资源承载状态制约的一个关键要素，地下水埋深及地下水矿化度是驱动水盐时空分异与再分布的重要载体，同时也是产生盐分累计效应的重要驱动源。表层土壤含盐量及土壤含盐量是灌区内土壤盐碱化的效果因素，表征灌区内土壤盐碱化的实际驱动状态以及盐碱化进程的具体属性；地表灌溉水量是驱动灌区水土环境变迁的重要因子，主要通过在微观尺度驱动土壤层介质（水分、盐分、矿化物质），使其产生重组与再分配进而影响区域尺度的水土环境变迁。除上述关键控导性因素外，其余各项指标地表温度、地表反照率、土地污染负荷、土地利用类型、年蒸发量、年降水量、植被覆盖度、人口密度、表层土壤电导率、土壤电导率、海拔、坡度等主要通过潜在影响灌区光热条件、水盐分异特征、污染物空间分布、人类生产活动以及地势特征等对水土环境承载状态起到微观驱动作用，这种作用的表征较为缓慢且呈隐性，故对水土资源承载力演变过程影响相对较弱。

5.5　基于物元分析模型的水土资源承载力综合评估

5.5.1　单个指标分异信息评价结果与分析

基于 1994 年、2002 年、2010 年及 2018 年灌区内水土资源承载状态评价指标相关数据，分别对上述 4 个研究节点对应的 18 个评价指标的综合关联度进行等级求解判定，以 1994 年的地下水矿化度（I_2）为例，求得 $K_1(I_2)=-0.041$，$K_2(I_2)=-0.004$，$K_3(I_2)=-0.003$，$K_4(I_2)=0.024$，$K_5(I_2)=-0.031$，表明 1994 年的地下水矿化度所处等级为 V_4，即承载安全状态，其余各指标及年份对应的指标关联度计算方式同上，结果见表 5.34。

表 5.34　　　　　　　　　水土资源承载状态评价指标关联度

评价指标	1994 年各评价指标关联度值					评价等级			
	严重承载 V_1	轻微承载 V_2	临界承载 V_3	承载安全 V_4	承载良好 V_5	1994 年	2002 年	2010 年	2018 年
F_1	-0.039	0.049	-0.022	-0.035	-0.048	V_2	V_2	V_2	V_2
F_2	-0.046	-0.037	-0.028	0.031	-0.029	V_4	V_4	V_4	V_4
G_1	-0.034	0.051	-0.027	-0.031	-0.038	V_2	V_2	V_2	V_2
G_2	-0.031	0.048	-0.015	-0.036	-0.041	V_2	V_2	V_2	V_2
H_1	-0.043	-0.021	-0.015	0.026	-0.021	V_4	V_3	V_3	V_2
H_2	-0.034	-0.016	-0.014	0.018	-0.022	V_4	V_3	V_3	V_2
H_3	-0.039	-0.016	0.035	-0.025	-0.044	V_3	V_3	V_3	V_2
H_4	-0.036	-0.014	-0.008	0.012	-0.034	V_4	V_3	V_3	V_2
I_1	-0.038	-0.015	-0.014	0.006	-0.027	V_4	V_4	V_3	V_2
I_2	-0.041	-0.004	-0.003	0.024	-0.031	V_4	V_4	V_3	V_2
J_1	-0.019	0.046	-0.009	-0.033	-0.045	V_2	V_3	V_4	V_5
K_1	-0.014	0.036	-0.019	-0.039	0.041	V_2	V_3	V_4	V_4
K_2	0.051	-0.022	-0.025	-0.049	-0.052	V_1	V_2	V_3	V_4
L_1	-0.027	0.045	-0.008	-0.031	-0.047	V_2	V_3	V_3	V_4
L_2	-0.024	0.052	-0.025	-0.033	-0.049	V_2	V_3	V_3	V_4
M_1	-0.035	-0.019	-0.018	0.012	-0.029	V_4	V_4	V_3	V_2
M_2	0.047	-0.021	-0.023	-0.039	-0.042	V_1	V_2	V_3	V_4
M_3	-0.031	-0.029	-0.016	0.034	-0.021	V_4	V_3	V_3	V_3

由表 5.34 可以得知，随着灌区灌溉进程的推进，地表灌溉水量（J_1）、植被覆盖度

（K_1）、水土协调度（K_2）、地表温度（L_1）、地表反照率（L_2）、土地利用类型（M_2）等指标的物元评价等级均呈上升趋势，表明灌区水土资源承载能力在不断提升。但是在发展过程中，土壤盐分指标、理化性质指标、地下水因素以及土地污染负荷均处于下降趋势，表明灌区内水土资源在开发过程中仍存在一定承载压力。结合各指标因子的空间分布特征，将 18 个评价分析指标按照对应的评价等级节域范围进行面积分类统计，并将统计结果通过 ORIGIN8.0 绘制的雷达图进行表征，结果如图 5.31 所示。

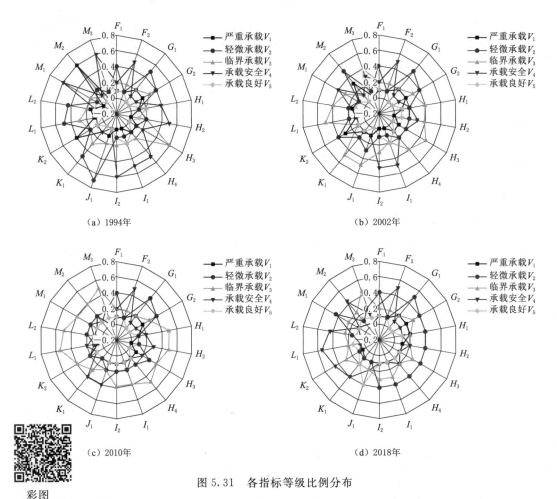

图 5.31　各指标等级比例分布

由图 5.31 可知，对于压力层面的驱动要素来说，灌区内海拔、坡度、年蒸发量、年降水量等要素，受灌溉过程影响相对较小，未表现出明显的等级变化。而状态变量中的地下水埋深、地下水矿化度、表层土壤含盐量、表层土壤电导率、土壤含盐量、土壤电导率、土地污染负荷等要素的空间面积占比总体呈现出增加的趋势，表明灌区内的状态变量正处于一种劣化的演变机制，在灌区往后的运行阶段应注意解决这些问题；随着提水灌溉工程的完善及荒地的大面积开发利用，植被覆盖度、水土协调度、土地利用方式等响应变量随着灌区内水资源的空间优化配置，植被用水及土壤地质层养护用水充足，生物多样性趋于丰富化，处于明显的改善趋势。

5.5.2 水土资源承载能力评价

结合由熵权法所获的灌区内水土资源承载力评价指标权重及其各研究节点指标关联度，依据引入的 PSR 模型，对 1994 年、2002 年、2010 年及 2018 年各准则层关联度及综合关联度进行判定，结果见表 5.35。

表 5.35　　　　　　　　研究区水土环境生态安全评价综合关联度评价

年份	评价层面	关联度					评定等级
		严重承载 V_1	轻微承载 V_2	临界承载 V_3	承载安全 V_4	承载良好 V_5	
1994	压力	−0.00769	0.01097	−0.00487	−0.00724	−0.01112	V_2
	状态	−0.01715	−0.00643	−0.00199	0.00461	−0.01315	V_4
	响应	0.00549	−0.00011	−0.00589	−0.01023	−0.01059	V_1
	水土资源承载状态	−0.01935	0.00443	−0.01275	−0.01286	−0.03486	V_2
2002	压力	−0.01424	−0.00166	0.01174	−0.00247	−0.00279	V_3
	状态	−0.00825	−0.00349	0.01439	−0.00184	−0.00288	V_3
	响应	−0.00679	0.0014	−0.00298	−0.00315	−0.00392	V_2
	水土资源承载状态	−0.02928	−0.00375	0.02315	−0.00746	−0.00959	V_3
2010	压力	−0.00744	−0.00061	0.00168	−0.00612	−0.00778	V_3
	状态	−0.00644	−0.00523	0.00753	−0.00363	−0.00623	V_3
	响应	−0.00475	−0.00145	0.00181	−0.00321	−0.00423	V_3
	水土资源承载状态	−0.01863	−0.00729	0.01102	−0.01296	−0.01824	V_3
2018	压力	−0.00614	−0.00388	−0.00138	0.00328	−0.00348	V_4
	状态	−0.00118	0.00089	−0.00115	−0.00207	−0.00311	V_2
	响应	−0.00315	−0.00268	−0.00115	0.00421	−0.00175	V_4
	水土资源承载状态	−0.01047	−0.00567	−0.00368	0.00542	−0.00834	V_4

由判定结果可以看出，经物元分析模型分析得到灌区在 1994 年、2002 年、2010 年以及 2018 年的水土资源承载能力评定等级分别为 V_2、V_3、V_3、V_4，对应的评语分别为"轻微承载""临界承载""临界承载""承载安全"状态。从宏观角度来看，这表明灌区水土资源承载能力在 1994—2018 年处于改善趋势，主要由于在这一阶段，随着灌区内提水设备的完善以及灌区需水量与供给量之间趋向平衡化使得灌区内水土资源承载能力得到了有效改善，但与之同时，灌区内水土环境生态安全程度的不断提升对灌区内水土资源承载能力产生了负面影响。1994—2018 年期间，为应对灌区水土环境本底压力及状态，通过人为调控的方式对此作出响应，响应等级从 1994 年的 V_1 等级提升至 2018 年的 V_4 等级，使得灌区内水土资源总体上朝向良性发展，并由响应层面开始逐步对灌区内水土资源所处状态以及压力产生了反向调控作用，取得了良性效果。但以水-热-盐驱动背景下的土壤盐碱化、土地污染负荷加剧对灌区水土资源承载能力仍表现出极为明显的威胁，在后期应当改善并加强这方面的治理能力及治理力度。

5.6　基于云模型的水土资源承载力综合评估

5.6.1　状态层隶属度云模型

根据灌区在四个不同研究时期水土资源承载状态的数据调查分析，为客观评定各水土资源承载要素的实际状况以便对灌区各时期水土资源综合承载状态进行客观评定，特此组成评审会，聘请本领域专家 3 人、灌区内日常运营工作人员 4 人以及管理人员 3 人，共 10 人分别就"状态层""因子层"及"过程层"各要素不同时期的实际状态进行客观评定，设定评价阈值为 $[0，1]$，基于评语层开展评判，将评定结果通过云发生器进行数字特征生成，并通过隶属度云模型的约束筛选，将评定结果进行甄别与反馈调整，直至获取有效的评价结果（注：表中 $P_1 \sim P_3$ 分别代表领域内的专家，$P_4 \sim P_7$ 代表灌区内日常运营工作人员，$P_8 \sim P_{10}$ 代表管理人员）。最终有效评价结果见表 5.36～表 5.39。

表 5.36　　　　　　　　　　　　1994 年水土资源承载力综合评价值

指标	F_1	F_2	G_1	G_2	H_1	H_2	H_3	H_4	I_1
人员 P_1	0.33	0.31	0.29	0.32	0.69	0.68	0.65	0.61	0.66
人员 P_2	0.31	0.34	0.31	0.35	0.67	0.69	0.67	0.64	0.64
人员 P_3	0.37	0.32	0.34	0.32	0.71	0.70	0.68	0.66	0.68
人员 P_4	0.29	0.32	0.36	0.31	0.65	0.66	0.69	0.65	0.62
人员 P_5	0.35	0.37	0.30	0.35	0.69	0.71	0.71	0.63	0.67
人员 P_6	0.35	0.31	0.34	0.31	0.70	0.68	0.65	0.64	0.63
人员 P_7	0.32	0.32	0.32	0.32	0.71	0.71	0.67	0.62	0.61
人员 P_8	0.30	0.30	0.37	0.33	0.68	0.66	0.64	0.67	0.65
人员 P_9	0.32	0.31	0.33	0.35	0.64	0.65	0.63	0.65	0.69
人员 P_{10}	0.34	0.35	0.30	0.31	0.66	0.69	0.64	0.64	0.62

指标	I_2	J_1	K_1	K_2	L_1	L_2	M_1	M_2	M_3
人员 P_1	0.62	0.37	0.32	0.30	0.35	0.33	0.67	0.32	0.68
人员 P_2	0.64	0.35	0.34	0.31	0.32	0.28	0.64	0.34	0.71
人员 P_3	0.65	0.33	0.36	0.27	0.35	0.31	0.68	0.31	0.64
人员 P_4	0.67	0.38	0.35	0.25	0.33	0.35	0.62	0.24	0.63
人员 P_5	0.62	0.34	0.34	0.31	0.31	0.33	0.66	0.32	0.68
人员 P_6	0.68	0.32	0.33	0.28	0.34	0.37	0.65	0.26	0.66
人员 P_7	0.60	0.34	0.32	0.26	0.29	0.25	0.68	0.27	0.67
人员 P_8	0.63	0.37	0.31	0.30	0.33	0.32	0.64	0.29	0.69
人员 P_9	0.65	0.31	0.37	0.31	0.31	0.31	0.67	0.31	0.70
人员 P_{10}	0.66	0.33	0.32	0.32	0.34	0.30	0.63	0.28	0.67

表 5.37　　　　　　　　　2002 年水土资源承载力综合评价值

指标	F_1	F_2	G_1	G_2	H_1	H_2	H_3	H_4	I_1
人员 P_1	0.34	0.32	0.33	0.31	0.68	0.63	0.62	0.55	0.61
人员 P_2	0.33	0.36	0.32	0.38	0.65	0.62	0.61	0.64	0.62
人员 P_3	0.39	0.37	0.36	0.37	0.71	0.63	0.63	0.62	0.65
人员 P_4	0.32	0.35	0.38	0.31	0.62	0.61	0.64	0.63	0.61
人员 P_5	0.35	0.38	0.39	0.32	0.63	0.65	0.62	0.60	0.60
人员 P_6	0.37	0.33	0.32	0.32	0.67	0.62	0.63	0.59	0.65
人员 P_7	0.33	0.35	0.38	0.35	0.69	0.69	0.66	0.60	0.60
人员 P_8	0.31	0.33	0.41	0.36	0.66	0.66	0.60	0.66	0.61
人员 P_9	0.33	0.35	0.37	0.38	0.63	0.62	0.62	0.65	0.67
人员 P_{10}	0.35	0.39	0.35	0.32	0.62	0.64	0.59	0.63	0.60
指标	I_2	J_1	K_1	K_2	L_1	L_2	M_1	M_2	M_3
人员 P_1	0.57	0.48	0.49	0.51	0.45	0.47	0.63	0.46	0.65
人员 P_2	0.60	0.49	0.48	0.50	0.47	0.46	0.61	0.49	0.70
人员 P_3	0.64	0.50	0.49	0.50	0.46	0.48	0.62	0.52	0.61
人员 P_4	0.62	0.51	0.51	0.49	0.49	0.49	0.58	0.53	0.62
人员 P_5	0.62	0.51	0.52	0.48	0.50	0.46	0.62	0.49	0.66
人员 P_6	0.65	0.48	0.51	0.52	0.51	0.48	0.63	0.51	0.61
人员 P_7	0.61	0.45	0.52	0.49	0.53	0.49	0.60	0.50	0.65
人员 P_8	0.62	0.51	0.53	0.47	0.51	0.50	0.61	0.47	0.63
人员 P_9	0.62	0.49	0.56	0.55	0.48	0.51	0.64	0.49	0.65
人员 P_{10}	0.63	0.50	0.51	0.48	0.49	0.53	0.61	0.51	0.64

表 5.38　　　　　　　　　2010 年水土资源承载力综合评价值

指标	F_1	F_2	G_1	G_2	H_1	H_2	H_3	H_4	I_1
人员 P_1	0.35	0.35	0.35	0.32	0.61	0.59	0.60	0.52	0.60
人员 P_2	0.33	0.39	0.36	0.39	0.62	0.58	0.58	0.60	0.61
人员 P_3	0.39	0.38	0.37	0.37	0.64	0.61	0.57	0.58	0.63
人员 P_4	0.33	0.37	0.38	0.35	0.58	0.58	0.61	0.57	0.59
人员 P_5	0.36	0.40	0.41	0.33	0.59	0.62	0.58	0.59	0.60
人员 P_6	0.38	0.36	0.35	0.32	0.61	0.60	0.59	0.55	0.62
人员 P_7	0.34	0.38	0.37	0.36	0.62	0.64	0.61	0.52	0.58
人员 P_8	0.32	0.36	0.42	0.37	0.60	0.62	0.58	0.53	0.60
人员 P_9	0.33	0.38	0.39	0.39	0.59	0.61	0.57	0.54	0.57
人员 P_{10}	0.36	0.39	0.39	0.35	0.58	0.61	0.56	0.56	0.56

指标	I_2	J_1	K_1	K_2	L_1	L_2	M_1	M_2	M_3
人员 P_1	0.55	0.67	0.71	0.69	0.58	0.63	0.65	0.66	0.67
人员 P_2	0.58	0.68	0.70	0.67	0.61	0.67	0.59	0.65	0.65
人员 P_3	0.61	0.68	0.69	0.70	0.64	0.67	0.59	0.69	0.60
人员 P_4	0.61	0.69	0.69	0.71	0.64	0.65	0.53	0.68	0.61
人员 P_5	0.60	0.65	0.71	0.70	0.66	0.68	0.61	0.65	0.62
人员 P_6	0.63	0.67	0.68	0.69	0.65	0.66	0.60	0.69	0.58
人员 P_7	0.57	0.69	0.71	0.68	0.63	0.67	0.60	0.71	0.55
人员 P_8	0.56	0.67	0.72	0.71	0.69	0.66	0.57	0.68	0.58
人员 P_9	0.59	0.68	0.71	0.71	0.62	0.67	0.60	0.70	0.59
人员 P_{10}	0.56	0.71	0.69	0.72	0.64	0.68	0.57	0.68	0.63

表 5.39　　　　　　　　　　　　　　　2018 年水土资源承载力综合评价值

指标	F_1	F_2	G_1	G_2	H_1	H_2	H_3	H_4	I_1
人员 P_1	0.36	0.36	0.38	0.37	0.58	0.55	0.56	0.50	0.59
人员 P_2	0.35	0.41	0.36	0.42	0.55	0.54	0.57	0.53	0.56
人员 P_3	0.39	0.39	0.39	0.41	0.59	0.53	0.56	0.52	0.57
人员 P_4	0.34	0.41	0.36	0.39	0.52	0.53	0.58	0.54	0.53
人员 P_5	0.38	0.43	0.44	0.38	0.53	0.59	0.52	0.53	0.54
人员 P_6	0.38	0.40	0.39	0.39	0.50	0.55	0.54	0.51	0.54
人员 P_7	0.36	0.39	0.41	0.41	0.52	0.59	0.56	0.49	0.53
人员 P_8	0.33	0.39	0.45	0.40	0.56	0.58	0.54	0.50	0.57
人员 P_9	0.33	0.41	0.43	0.39	0.52	0.57	0.51	0.51	0.55
人员 P_{10}	0.36	0.42	0.46	0.37	0.53	0.59	0.53	0.51	0.51
指标	I_2	J_1	K_1	K_2	L_1	L_2	M_1	M_2	M_3
人员 P_1	0.54	0.81	0.85	0.81	0.71	0.77	0.62	0.81	0.62
人员 P_2	0.55	0.85	0.84	0.84	0.73	0.79	0.57	0.85	0.60
人员 P_3	0.56	0.80	0.83	0.86	0.72	0.81	0.58	0.84	0.56
人员 P_4	0.57	0.83	0.83	0.85	0.71	0.78	0.52	0.82	0.58
人员 P_5	0.55	0.82	0.81	0.86	0.75	0.79	0.58	0.83	0.61
人员 P_6	0.53	0.79	0.84	0.82	0.73	0.80	0.57	0.82	0.54
人员 P_7	0.55	0.85	0.82	0.83	0.72	0.79	0.55	0.84	0.53
人员 P_8	0.52	0.88	0.81	0.84	0.79	0.77	0.56	0.83	0.54
人员 P_9	0.55	0.86	0.80	0.85	0.77	0.81	0.58	0.85	0.58
人员 P_{10}	0.51	0.84	0.85	0.86	0.79	0.82	0.54	0.84	0.60

由各指标评判结果可知，随着灌区的发展，四个研究节点下海拔、坡度等地形要素以及年蒸发量、年降水量等气候要素的分值评判波动情况较小，评定数值变化较为明显的为表层土壤含盐量、表层土壤电导率、土壤含盐量、土壤电导率等其他 14 个指标。表明灌区内除特定地形及气候要素外，其余各驱动要素的状态均发生了较为明显的改观。依据对应要素年际的评判分值可知，表层土壤含盐量、表层土壤电导率、土壤含盐量、土壤电导率、地下水埋深、地下水矿化度、土地污染负荷、人口密度 8 个要素在 1994—2018 年，处于一种非健康化的演变过程，与此同时，随着灌区灌水设施的不断完善，地表灌溉水量、植被覆盖度、水土协调度、地表温度、地表反照率以及土地利用类型 6 个要素则处于一种良性的演变过程。

根据评判小组的评判资料，基于云发生器流程，分别计算得出状态层每个因子的隶属度云模型，结果见表 5.40～表 5.43。

表 5.40　　　　　　　　1994 年水土资源承载力状态层隶属度云模型

指标	F_1	F_2	G_1	G_2	H_1	H_2	H_3	H_4	I_1
期望 Ex	0.328	0.325	0.326	0.324	0.680	0.683	0.664	0.641	0.647
熵 En	0.0250	0.0213	0.0275	0.0145	0.0250	0.0213	0.0275	0.0165	0.0288
超熵 He	0.0032	0.0042	0.0066	0.0039	0.0052	0.0028	0.0094	0.0068	0.0085
指标	I_2	J_1	K_1	K_2	L_1	L_2	M_1	M_2	M_3
期望 Ex	0.642	0.344	0.336	0.291	0.327	0.315	0.654	0.294	0.673
熵 En	0.0250	0.0235	0.0200	0.0260	0.0195	0.0313	0.0225	0.0325	0.0238
超熵 He	0.0031	0.0041	0.0044	0.0095	0.0017	0.0134	0.0077	0.0088	0.0075

表 5.41　　　　　　　　2002 年水土资源承载力状态层隶属度云模型

指标	F_1	F_2	G_1	G_2	H_1	H_2	H_3	H_4	I_1
期望 Ex	0.342	0.353	0.361	0.342	0.656	0.637	0.622	0.617	0.622
熵 En	0.0231	0.0221	0.0313	0.0326	0.0326	0.0231	0.0180	0.0321	0.0261
超熵 He	0.0065	0.0051	0.0062	0.0149	0.0089	0.0069	0.0084	0.0062	0.0063
指标	I_2	J_1	K_1	K_2	L_1	L_2	M_1	M_2	M_3
期望 Ex	0.618	0.492	0.512	0.499	0.489	0.487	0.615	0.497	0.642
熵 En	0.0185	0.0175	0.0205	0.0213	0.0240	0.0213	0.0163	0.0213	0.0251
超熵 He	0.0119	0.0066	0.0103	0.0095	0.0055	0.0060	0.0054	0.0037	0.0100

表 5.42　　　　　　　　2010 年水土资源承载力状态层隶属度云模型

指标	F_1	F_2	G_1	G_2	H_1	H_2	H_3	H_4	I_1
期望 Ex	0.349	0.376	0.379	0.355	0.604	0.606	0.585	0.556	0.596
熵 En	0.0238	0.0160	0.0238	0.0263	0.0200	0.0185	0.0175	0.0300	0.0210
超熵 He	0.0048	0.0029	0.0011	0.0045	0.0044	0.0040	0.0036	0.0088	0.0053

续表

指标	I_2	J_1	K_1	K_2	L_1	L_2	M_1	M_2	M_3
期望 Ex	0.586	0.679	0.701	0.698	0.636	0.664	0.591	0.679	0.608
熵 En	0.0276	0.0140	0.0138	0.0155	0.0261	0.0140	0.0263	0.0193	0.0351
超熵 He	0.0082	0.0076	0.0049	0.0012	0.0139	0.0055	0.0165	0.0061	0.0073

表 5.43   2018 年水土资源承载力状态层隶属度云模型

指标	F_1	F_2	G_1	G_2	H_1	H_2	H_3	H_4	I_1
期望 Ex	0.358	0.401	0.407	0.393	0.54	0.562	0.547	0.514	0.549
熵 En	0.0205	0.0188	0.0388	0.0170	0.0301	0.0276	0.0238	0.0160	0.0238
超熵 He	0.0042	0.0059	0.0132	0.0006	0.0077	0.0119	0.0074	0.0028	0.0011
指标	I_2	J_1	K_1	K_2	L_1	L_2	M_1	M_2	M_3
期望 Ex	0.543	0.833	0.828	0.842	0.742	0.793	0.567	0.833	0.576
熵 En	0.0180	0.0288	0.0180	0.0175	0.0330	0.0170	0.0246	0.0138	0.0336
超熵 He	0.0029	0.0054	0.0043	0.0010	0.0109	0.0006	0.0115	0.0033	0.0101

5.6.2 因子层隶属度云模型

1994 年、2002 年、2010 年及 2018 年水土资源承载力因子层隶属度云模型见表 5.44～表 5.47。

表 5.44   1994 年水土资源承载力因子层隶属度云模型

指标	F	G	H	I	J	K	L	M
期望 Ex	0.3265	0.3253	0.6695	0.6454	0.3440	0.3212	0.3230	0.5009
熵 En	0.0233	0.0240	0.02390	0.0276	0.0235	0.0222	0.0240	0.0277
超熵 He	0.0037	0.0057	0.0062	0.0067	0.0041	0.0061	0.0055	0.0081

表 5.45   2002 年水土资源承载力因子层隶属度云模型

指标	F	G	H	I	J	K	L	M
期望 Ex	0.3475	0.3547	0.6350	0.6206	0.4920	0.5077	0.4883	0.5706
熵 En	0.0226	0.0317	0.0267	0.0239	0.0175	0.0207	0.0231	0.0212
超熵 He	0.0058	0.0091	0.0079	0.0081	0.0066	0.0100	0.0056	0.0059

表 5.46   2010 年水土资源承载力因子层隶属度云模型

指标	F	G	H	I	J	K	L	M
期望 Ex	0.3625	0.3710	0.5908	0.5927	0.6790	0.7001	0.6452	0.6344
熵 En	0.0203	0.0247	0.0209	0.0234	0.0140	0.0144	0.0228	0.0265
超熵 He	0.0039	0.0022	0.0048	0.0063	0.0076	0.0037	0.0111	0.0093

表 5.47   2018 年水土资源承载力因子层隶属度云模型

指标	F	G	H	I	J	K	L	M
期望 Ex	0.3795	0.4023	0.5428	0.5470	0.8330	0.8326	0.7598	0.6868
熵 En	0.0197	0.0332	0.0258	0.0221	0.0288	0.0178	0.0287	0.0239
超熵 He	0.0051	0.0090	0.0076	0.0017	0.0054	0.0032	0.0075	0.0075

5.6.3 过程层隶属度云模型与综合评价云

基于前文计算所得状态层及因子层云特征参数，同理求得各研究节点所对应的过程层及评语层云特征参数，见表 5.48。1994 年、2002 年、2010 年及 2018 年水土资源承载状态所对应的综合评价云数字特征分别为 C_{1994}(0.4467，0.0248，0.0058)、C_{2002}(0.5034，0.0236，0.0071)、C_{2010}(0.5586，0.0218，0.0062)、C_{2018}(0.5989，0.0249，0.0061)。1994 年、2002 年、2010 年及 2018 年四个时期的综合云数字特征中，熵 En 分别为 0.0248、0.0236、0.0218、0.0249，超熵 He 分别为 0.0058、0.0071、0.0062 及 0.0061。数值较小，且 He/En 均小于 1/3。表明评价结果的云滴分散程度与雾化度相对较低，评价结果的不确定性表征较为微弱，可靠性较高。

表 5.48   过程层与综合评价云数字特征参数

研究年份	云数字特征			
	过程层 U_1	过程层 U_2	过程层 U_3	综合评价云
1994	(0.3261,0.0235,0.0044)	(0.5263,0.0245,0.0058)	(0.4422,0.0265,0.0073)	(0.4467,0.0248,0.0058)
2002	(0.3499,0.0259,0.0069)	(0.5756,0.0231,0.0080)	(0.5435,0.0219,0.0059)	(0.5034,0.0236,0.0071)
2010	(0.3653,0.0220,0.0033)	(0.6310,0.0192,0.0056)	(0.6380,0.0254,0.0099)	(0.5586,0.0218,0.0062)
2018	(0.3871,0.0249,0.0064)	(0.6628,0.0246,0.0049)	(0.7104,0.0256,0.0075)	(0.5989,0.0249,0.0061)

结合上述计算结果，分别将 1994 年、2002 年、2010 年及 2018 年的水土资源承载状态对应的综合评价云与标准评价云的云数字特征进行表征，如图 5.32 所示。

由图 5.32 可知，灌区水土资源承载状态在 1994 年、2002 年、2010 年及 2018 年分别处于"轻微承载—临界承载""临界承载""临界承载—承载良好""临界承载—承载良好"的状态。从整体上来看，灌区水土资源承载状态处于一种"健康化""持续式"的演变过程，表明在 1994—2018 年灌区内水土资源承载能力一直处于改善状态。由各研究节点对应的综合评价云与标准云云滴重心分布及云数字特征可知，1994—2002 年灌区水土资源承载状态是整个演变过程演绎速度最快的阶段，水土资源承载能力表征为"快速改善"过程，究其原因，主要因为灌区本底环境的极端脆弱，区域外调来的水资源极大地缓解了区域内水资源与土地资源适应性、协调性差的问题，在很大程度上实现了区域内水土资源的优化配置，使得水土资源承载能力快速改善；相比于 1994—2002 年水土资源正向演化的速度，2002—2010 年水土资源承载能力提升速度略有下降，主要由于随着灌溉进程的推进，区域内人为活动不断加剧，对于水土资源表征出较为明显的掠夺式开发，土地垦殖率提升，污染物负荷增高，在一定程度上对于这种正向的演化过程形成了影响。相比于前两

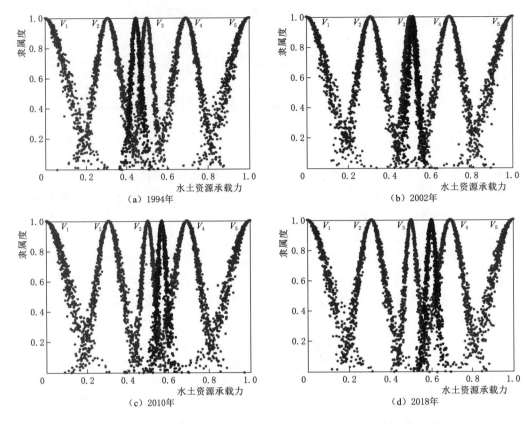

图 5.32　1994—2018 年景电灌区水土资源承载状态综合评价云图

个演变阶段，2010—2018 年间灌区内水土资源承载能力改善的提升速率进一步减弱，一方面，随着近现代地表生态过程的持续推进，一些原生环境适应性被不断削弱并发生潜在性的、反向的演变过程；另一方面，随着灌区内水土资源被进一步开发利用，人类生产活动进一步加剧，同时随着不科学的灌溉及管理方式，灌区内地下水埋深、地下水矿化度升高，驱动产生的以土地盐碱化为主的土地资源承载能力退化问题日趋严重，并逐渐发展成为灌区内水土资源改善的关键制约问题。

5.6.4　评价结果验证分析

为在采用云模型评价的基础上进一步验证评价结果的可靠性，本节分别引入模糊综合评判法与云重心法对结果进行验证分析，3 种评判方法原理见表 5.49。

表 5.49　　　　　　　　　　　　　三种评判方法对比表

评判方法	综合评价云模型	模糊综合评判模型	云重心评判模型
原理	通过云发生器实现定性概念到定量数值之间的转换。以此通过不确定性语言系统刻画模糊系统随机性与不确定性的数学模型	对于同一事物受多要素或多指标耦合影响。通过综合考虑事物多种因素，用模糊集理论来对其优劣性进行评价的一种数学方法	云重心评判法是在云理论的基础上进一步引入云重心这一概念，通过云重心的变化情况以此来反映系统的状态变化

参考许江、杨峰等的研究，再次分别采用模糊综合评判模型以及云重心评判模型对灌区在 1994 年、2002 年、2010 年及 2018 年的水土资源承载状态进行评定，并对比分析了上述两种方法与综合评价云模型之间的评判误差，结果见表 5.50。

表 5.50　　　　　　　　　　　　　评价结果误差分析

年份	综合评价云模型	模糊综合评判模型	云重心评判模型	误差值 1	误差值 2
1994	(0.4467, 0.0248, 0.0058)	0.4535	0.4428	1.52%	0.87%
2002	(0.5034, 0.0236, 0.0071)	0.5074	0.4986	0.79%	0.95%
2010	(0.5586, 0.0218, 0.0062)	0.5622	0.5437	0.64%	2.67%
2018	(0.5989, 0.0249, 0.0061)	0.6014	0.5924	0.42%	1.09%

注　表中误差值 1、误差值 2 分别为模糊综合评判法、云重心评判法与综合评价云的误差值。

从三种评价结果对比分析来看，基于综合评价云得到的评价结果与模糊综合评判法、云重心评判法得到的结果较为接近，误差最大值为 2.67%，最小值则仅为 0.42%，表明评价精度较高。此外，采用综合评价云法所获得的评价结果有三个数字特征，分别为期望 E_x、熵 E_n、超熵 H_e，上述三个数字特征分别体现了评估结果的平均水平、评估结果的可靠度以及反映性评估结果的稳定性。而模糊综合评判法与云重心评判法，其评价结果仅用一个数字特征进行表征，虽然可以在一定程度上代表评价结果的正确性，但对于其结果的可靠性则无法表征。相比而言，采用综合评价云所获的评价结果更加丰富可信，且在信息及灵活性等方面更具优势。

第 6 章

灌区水土资源承载力时空演变分析与中长期预测

6.1 水土资源承载力时空分异特征分析

从数学模型的反应能力来看，熵权法属于纯客观计算方法，这种方法虽然能够有效地避免主观性及人为经验性的影响，但所确定的客观权重往往与实际情况存在一定的差异性，偏离了实际重要度。相比之下，云模型中所提出的组合权重赋权方法，对于不同指标的实际重要程度具有更强的揭示性且同样能够对客观性及模糊性进行耦合分析，其评价结果还根据其云数字特征中的熵与超熵结果进行客观验证，具有更强的科学性，故本节在两种权重求解模型对比分析的基础上，采用由云评价模型中的组合赋权法所获得的指标权重结果进行各水土资源承载要素的栅格转换计算。

6.1.1 栅格叠加计算

景电灌区水土资源承载力是受多因素综合作用的耦合关联体，其演化变迁是一个多层次驱动、多要素参与、多过程耦合的复杂过程。海拔、坡度、年蒸发量、年降水量、表层土壤含盐量、土壤含盐量、表层土壤电导率、土壤电导率、地下水埋深、地下水矿化度、地表灌溉水量、植被覆盖度、水土协调度、地表温度反演、地表反照率、土地污染负荷、土地利用类型、人口密度等驱动区域水土资源承载力发生演变的驱动要素均存在区域性。通过遥感反演技术、空间解译以及无人机航拍扫描技术的集成使用，其区域性得以表征，但受量纲限制，无法直接将其进行多源融合。基于 ArcGIS 中 Spatial Analyst 的重分类模块，先对各驱动要素进行重分类以便消除量纲，使其可以进行数据叠加。然后基于栅格计算器将各因素按照对应权重进行数据叠合，其叠合原理如图 4.11 及图 4.12 所示。

6.1.2 水土资源承载力计算及等级划分

通过基于 ArcGIS 10.2 对水土资源各驱动要素的空间数据图件进行栅格叠加，对叠加结果按照"正向累加原则"的方式进行分析，即区域尺度水土资源承载状态累加值越大，水土资源承载状态越严重。参考已有关于水土资源承载力的相关研究，本书引入水土资源承载状态指数 SWSR 来表征水土资源承载力的承载程度，结合上述栅格叠加的分析原理以及前文计算所得各驱动要素的因子权重，可通过下式进行计算：

$$\text{SWSR} = \sum_{i=1}^{n} Y_i X_i = Y_1 X_1 + Y_2 X_2 + Y_3 X_3 + \cdots + Y_n X_n \tag{6.1}$$

式中：SWSR 为水土资源承载状态指数；Y_i 为各驱动要素的要素值；X_i 为各驱动要素分别对应的权重值；n 为驱动要素数量。

结合所构建的多级模糊评价系统评语集及通过栅格叠加计算所得的水土资源承载力综合指数，将灌区内水土资源承载状态分类划分为 5 级，分别为"承载良好 V_5""承载安全 V_4""临界承载 V_3""轻微承载 V_2"及"严重承载 V_1"。5 个等级的资源承载特征及具体含义见表 6.1。

表 6.1　　　　　　　　　　景电灌区水土资源承载状态等级划分

水土资源承载状态	等级	资源承载特征
严重承载	V_1	水土资源系统结构、功能退化，不能满足社会经济发展要求，环境系统存在缺陷，抗外界干扰能力弱且敏感，系统异常较多且恢复难度大，水土资源承载严重
轻微承载	V_2	水土资源系统结构、功能局部显现缺陷，部分区域不能满足社会经济发展要求，环境系统存在部分缺陷，抗外界干扰能力较弱且较为敏感，系统异常较多，水土资源承载异常
临界承载	V_3	水土资源系统结构、功能尚可维持，能够基本满足社会经济发展要求，环境系统基本稳定，抗外界干扰能力可行且表现敏感，少量水土环境系统显现异常
承载安全	V_4	水土资源系统结构、功能相对完善，能够较好满足社会经济发展要求，环境系统稳定，抗外界干扰能力较强，水土资源承载安全
承载良好	V_5	水土资源系统处于低压、低损状态，水土资源充分满足社会经济发展要求，环境系统完善，抗外界干扰能力强，水土资源承载好

6.1.3　1994—2018 年水土资源承载力空间变化分析

通过对灌区 1994 年、2002 年、2010 年及 2018 年所有水土资源承载驱动要素的栅格叠加，得到灌区四个研究时期的水土资源承载状态空间分布，如图 6.1 所示，利用 Arc-GIS 软件对不同研究节点下的各承载状态空间分布面积进行统计，结果见表 6.2。

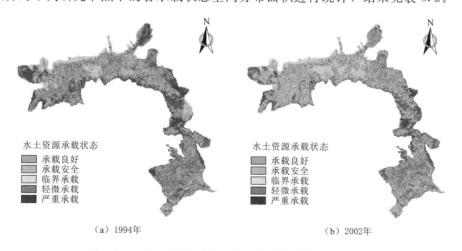

（a）1994 年　　　　　　　　　　　　　　（b）2002 年

图 6.1（一）　灌区四个时期水土资源承载状态空间分布

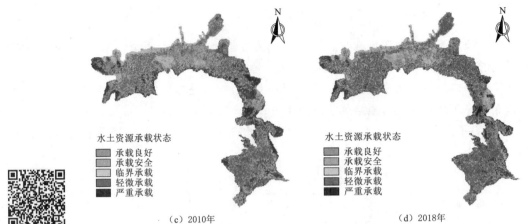

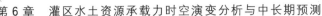

彩图

图 6.1（二）　灌区四个时期水土资源承载状态空间分布

表 6.2　　　　　　　　　　　1994—2018 水土资源承载力空间变化

水土资源承载状态	1994 年		2002 年		2010 年		2018 年	
	面积/hm²	比例/%	面积/hm²	比例/%	面积/hm²	比例/%	面积/hm²	比例/%
承载良好	16523.49	10.56	19717.9	12.60	26980.4	17.24	32834.19	20.98
承载安全	21351.35	13.65	26603.39	17.00	30930.16	19.76	32321.76	20.65
临界承载	32072.01	20.49	36656.48	23.42	33804.77	21.60	31672.68	20.24
轻微承载	48237.92	30.82	43969.33	28.09	42170.05	26.95	40122.04	25.64
严重承载	38318.23	24.48	29555.9	18.89	22617.62	14.45	19552.33	12.49

由图 6.1 及表 6.2 可知，从水土资源承载力空间面积转移特征来看，1994 年、2002 年、2010 年和 2018 年灌区内水土资源承载状态表征为承载良好的区域面积占比分别为 10.56%、12.60%、17.24%、20.98%；承载安全的区域面积占比分别为 13.65%、17.00%、19.76%、20.65%；临界承载的区域面积占比分别为 20.49%、23.42%、21.60%、20.24%；轻微承载的区域面积占比分别为 30.82%、28.09%、26.95%、25.64%；严重承载的区域面积占比分别为 24.48%、18.89%、14.45%、12.49%；表明 1994—2018 年景电灌区水土资源承载状态整体表征出严重承载区、轻微承载区减少，临界承载区、承载安全区、承载良好区区域面积逐渐增加的演变态势。分析其演变的原因，结合景电灌区调配水过程、灌区建设发展过程以及土地空间利用格局演变过程，随着灌区内灌溉配水设施的不断完善，灌区内土地利用格局发生了很大演变，整体表征出耕地面积持续增加、沙地、未耕地以及草地面积均明显下降，受此反馈作用，区域内水土协调度趋向于适宜化、植被覆盖度增加、光热条件改善，灌区整体表现出水土资源承载状态不断改善的趋势。但与此同时，随着水土资源的不断开发利用、人类生产活动的加剧、农业生产活动的不科学性、地质结构条件限制等多因素综合影响，进一步加剧了对灌区内水土资源的掠夺性开发，催动了以土地盐碱化、次生盐碱化为主的近现代地表生态劣化过程，对局部区域的水土资源承载状态带来了很大挑战，这些区域主要集中分布在灌区东部封闭型水

文地质单元的芦阳镇、草窝滩镇以及五佛乡等区域。直滩乡、西靖乡、漫水滩乡南部、上沙沃镇北部等区域主要分布大面积的戈壁、沙地及未利用地，对于这些区域大面积的提水灌溉虽然在很大程度上改善了这些区域的水土环境现状，但受环境本底限制，这些地区仍然为水土资源承载较为严重的区域。与此同时，受人类生产活动影响，诸如建筑交通用地的增加、土地污染负荷加剧等都给灌区内的水土资源承载状态带来了新的挑战，且在空间上呈现出由城市区域向周围乡镇以弧射形递减的空间状态。

6.2 水土资源承载力空间变化模式

6.2.1 水土资源承载力空间变化模式图谱

水土资源承载力变化模式图谱主要采用传统针对土地地类空间流向变化的分析原理。以统计不同水土资源承载地类图谱为基础，以此来表征不同研究节点之间的水土资源承载状态的空间-属性-过程一体化演变趋势及动向，是揭示区域尺度时空动态变化情景下水土资源承载演变模式以及演变格局的基本信息单元。参考文献，结合灌区各研究年实际的水土资源状态，分别用 S_1、S_2、S_3、S_4、S_5 对"严重承载 V_1""轻微承载 V_2""临界承载 V_3""承载安全 V_4"及"承载良好 V_5"进行属性编码。将灌区水土资源承载状态图谱时空演化模式定义为 5 种类型，分别为持续变化型、反复变化型、前期变化型、后期变化型以及持续稳定型，各演变模式的演变特征见表 6.3。

表 6.3　　　　　　　　　　景电灌区水土资源承载状态变化模式图谱划分

变化模式	编码	变化模式特征
持续变化型	S_1	研究区水土资源承载状态从研究初期到研究末期呈现出持续化、单一性、无逆向的地类特征演变方式，变化模式可表征为"1-2-3-4"型
反复变化型	S_2	研究区水土资源承载状态在各研究节点表现出动荡性变化，变化模式并非持续性、单一性的演变方式，变化模式可表征为"1-2-1-2"型
前期变化型	S_3	研究区水土资源承载状态仅在研究前期或中前期表现出动态演化趋势，在研究中后期及末期则表现为稳定静止态，变化模式可表征为"1-2-2-2"或"1-2-3-3"型
后期变化型	S_4	研究区水土资源承载状态仅在研究中后期及末期表现出动态演化趋势，在研究初期及中前期则表现为稳定静止态，变化模式可表征为"1-1-2-3"或"1-1-1-2"型
持续稳定型	S_5	研究区水土资源承载状态从研究初期到研究末期呈现出静止态的地类特征演变方式，变化模式可表征为"1-1-1-1"型

在对水土资源承载状态演变模式图谱特征定义的基础上，对各编码图斑单元进行数据融合，将融合后的水土资源承载状态地类变化模式与图谱进行对比，以此得到区域尺度不同水土资源承载状态的地类空间变化图谱信息。计算公式为

$$M = 1000a + 100b + 10c + d \tag{6.2}$$

式中：a、b、c、d 分别为研究期初、中前期、中后期及期末水土资源承载状态空间地类图谱栅格属性；M 为研究期内不同承载状态变化图谱栅格属性。

6.2.2　1994—2018 年水土资源承载力变化图谱分析

为统计分析景电灌区水土资源承载状态在 1994 年—2002 年—2010 年—2018 年的空间流向，依据式（6.2），以 ArcGIS 10.2 为技术平台，对 1994—2018 年的水土资源承载状态空间变化图谱进行计算分析，统计结果见表 6.4。

表 6.4　　　　　　　研究区 1994—2018 年水土资源承载力变化图谱分析

演变模式	像元数	演变面积/hm²	演变面积最大像元		
			变化类型	面积/hm²	占比/%
持续变化型	625385	56341.08	严重承载—轻微承载—临界承载—承载安全	32503.17	57.69
反复变化型	138974	12520.24	轻微承载—临界承载—轻微承载—临界承载	2863.38	22.87
前期变化型	399552	35995.69	轻微承载—临界承载—承载安全—承载安全	9902.41	27.51
后期变化型	364808	32865.63	严重承载—严重承载—轻微承载—临界承载	7762.86	23.62
持续稳定型	208461	18780.36	严重承载—严重承载—严重承载—严重承载	7482.09	39.84

由表 6.4 可知，景电灌区在 1994—2018 年的水土资源承载状态空间演变过程中，持续变化型整体占比最大，总像元数为 625385 个，演变面积为 56341.08hm²；前期变化型总像元数为 399552 个，演变面积为 35995.69hm²；后期变化型像元总数为 364808 个，演变面积为 32865.63hm²；持续稳定型像元总数为 208461 个，演变面积为 18780.36hm²；反复变化型占比最小，像元总数为 138974 个，演变面积为 12520.24hm²。根据各承载状态的空间变化像元数及演变模式，景电灌区自 1994—2018 年水土资源承载状态演变模式总的激烈程度可排序为：持续变化型＞前期变化型＞后期变化型＞持续稳定型＞反复变化型。

在持续型演变模式中，"严重承载—轻微承载—临界承载—承载安全"这一演变模式的占比最大，为 32503.17hm²，57.69%。结合主要演变模式来看，灌区内水土资源承载状态整体表征出良性的演变趋势，表明区域内水土协调能力整体处于改善的状态；反复变化型演变模式中，以"轻微承载—临界承载—轻微承载—临界承载"这一演变方式为主，为 2863.38hm²，22.87%。这表征出局部地域已经显现出人类生产活动与水土协调之间的矛盾性，人类生产活动的加剧开始成为一种水土资源承载的制约要素；前期变化型与后期变化型演变模式对应的最大演变模式分别是"轻微承载—临界承载—承载安全—承载安全"，"严重承载—严重承载—轻微承载—临界承载"，两者变化面积分别为 9902.41hm²、7762.86hm²，占各对应变化模式比重分别为 27.51% 与 23.62%。对于前者来说，随着提水灌溉，初期区域内水土协调能力被不断改善，到后期受制于自然地理特征以及人类生产。水土资源承载状态在承载安全这一等级趋于稳定。对于后者来说，该种演变模式主要集中分布在二期灌区，初期由于提水工程未施建完成，二期灌区内水土环境无法得以改善。直到中后期灌区配套设施完善后，水土资源承载状态才逐渐得以改善，趋向健康化演变；持续稳定型以"严重承载—严重承载—严重承载—严重承载"这一演变模式为主，为 7482.09hm²，39.84%。该演变模式主要由于灌区内原有环境本底制约所致，主要分布在戈壁、沙地及未耕种地等水土资源协调度极差的区域。

6.3 水土资源承载力空间演变流向

6.3.1 水土资源承载力空间转移矩阵

为揭示区域尺度水土资源承载力在不同时期的空间分异过程与转换关系，基于土地利用转移矩阵，构建水土资源承载力空间转移矩阵，对研究区水土资源承载力在空间及数量上的分布特征以及不同承载等级地类流向进行靶向监督，其表达过程为

$$A_{ij} = \begin{bmatrix} A_{11} & \cdots & A_{1n} \\ \vdots & \ddots & \vdots \\ A_{n1} & \cdots & A_{nn} \end{bmatrix} \tag{6.3}$$

式中：A 为研究区总面积；n 为水土资源承载力等级类别；i 为研究期初水土资源承载力等级地类特征；j 为研究期末水土资源承载力风险等级地类特征。

6.3.2 1994—2018 年水土资源承载力演变流向分析

结合上述内容，灌区内 1994—2018 年间水土资源承载状态发生了较大演变，基于 ArcGIS 10.2 的空间分析模块对不同承载状态的空间转移过程用转移矩阵的方式进行了统计计算。灌区内 1994—2002 年、2002—2010 年及 2010—2018 年的水土资源承载状态转移面积矩阵见表 6.5～表 6.7。其中行代表灌区初期的水土资源承载状态，列代表研究期末的水土资源承载状态。

表 6.5　　　　　　　灌区 1994—2002 年水土资源承载力转移面积矩阵　　　　单位：hm²

水土资源承载状态		2002 年					
		承载良好	承载安全	临界承载	轻微承载	严重承载	合计
1994 年	承载良好	11982.45	3685.33	842.27	10.61	2.83	16523.49
	承载安全	5754.25	13879.28	1537.14	159.65	21.03	21351.35
	临界承载	1684.36	8454.11	21377.54	497.36	58.64	32072.01
	轻微承载	296.84	584.31	12652.38	34596.52	107.87	48237.92
	严重承载	0	0.36	247.15	8705.19	29365.53	38318.23
	合计	19717.90	26603.39	36656.48	43969.33	29555.9	156503.00

表 6.6　　　　　　　灌区 2002—2010 年水土资源承载力转移面积矩阵　　　　单位：hm²

水土资源承载状态		2010 年					
		承载良好	承载安全	临界承载	轻微承载	严重承载	合计
2002 年	承载良好	17124.32	1569.35	858.96	159.32	5.95	19717.90
	承载安全	6552.24	18017.62	1471.36	545.21	16.96	26603.39
	临界承载	2987.61	10074.77	22093.85	1287.44	212.81	36656.48
	轻微承载	312.17	1124.89	8014.39	32294.32	2223.56	43969.33
	严重承载	4.06	143.53	1366.21	7883.76	20158.34	29555.90
	合计	26980.40	30930.16	33804.77	42170.05	22617.62	156503.00

表 6.7　　　　　　　灌区 2010—2018 年水土资源承载力转移面积矩阵　　　　单位：hm²

水土资源承载状态		2018 年					
		承载良好	承载安全	临界承载	轻微承载	严重承载	合计
2010 年	承载良好	22075.38	3189.21	1382.33	329.85	3.63	26980.40
	承载安全	8624.97	20171.53	1573.81	515.72	44.13	30930.16
	临界承载	1687.32	8394.31	22487.94	997.51	237.69	33804.77
	轻微承载	441.39	514.22	6045.28	34271.85	897.31	42170.05
	严重承载	5.13	52.49	183.32	4007.11	18369.57	22617.62
	合计	32834.19	32321.76	31672.68	40122.04	19552.33	156503.00

由表 6.5～表 6.7 可知，在 1994—2002 年的水土资源承载状态空间转移面积矩阵中，转移面积最大的是轻微承载向临界承载的转移，转移面积为 12652.38hm²，占轻微承载转移面积的 26.29%，占临界承载转入面积的 34.52%。其次是严重承载向轻微承载的转移，转移面积为 8705.19hm²，占严重承载转移面积的 22.72%，占轻微承载转入面积的 19.79%。究其原因，灌区未运行前，整体环境本底十分脆弱，资源承载能力极差，在 1994—2002 年这一时期，随着灌区的运行，资源承载力开始迅速作出反应，表现出由严重承载向轻微承载，轻微承载向临界承载过渡的明显趋势。在 2002—2010 年的水土资源承载状态空间转移面积矩阵中，转移面积最大的是临界承载向承载安全的转移，转移面积为 10074.77hm²，占临界承载转移面积的 27.48%，占承载安全转入面积的 32.57%。其次是轻微承载向临界承载的转移，转移面积为 8014.39hm²，占轻微承载转移面积的 18.23%，占临界承载转入面积的 23.71%。同理可得，在 2010—2018 年的水土资源承载状态空间转移面积矩阵中，转移面积最大的是承载安全向承载良好的转移，转移面积为 8624.97hm²，占承载安全转移面积的 27.89%，占承载良好转入面积的 26.27%。其次是临界承载向承载安全的转移，转移面积为 8394.31hm²，占临界承载转移面积的 24.84%，占承载安全转入面积的 25.97%。结合 1994—2018 年总体的转移过程来看，整个灌区水土资源承载力呈现出"严重承载—轻微承载—临界承载—承载安全—承载良好"过渡的趋势。结合各等级转入及转出面积来看，这种转移的速度正在逐渐减弱。究其原因，一方面，虽然水土协调度被不断提升，但受环境本底限制，这种环境修复过程的演变速率并不可能保持稳定且表征出明显的递缓态势；另一方面，人类生产过程加剧，对水土资源的掠夺性开发表征得更加剧烈，同样进一步减缓了这种健康化的演变。

6.4　区域尺度水土资源承载力中长期预测方法

6.4.1　元胞自动机

元胞自动机（cellular automaton，CA）是一种集成时间、空间及状态离散性于一体，空间相互作用与时间因果关系为局部的网格式动力学分析模型，其以元胞为系统的基本单元，以一个元胞及邻近元胞前一时刻 t 的状态为模拟前件与输入要素，以元胞局部转化规则为基础，来模拟 $t+1$ 时刻该元胞的状态以此实现对于复杂情景下生态学、生物学以及计算软科学等方面的发展过程及未来情景模式。本书基于该原理，将其引入到干旱扬水灌区的水土资源承载状态这一复杂系统时空演化过程的模拟研究中。其模拟原理可表达为

$$S_{(t+1)} = f(S_t, N) \tag{6.4}$$

式中：t 和 $t+1$ 为元胞所处的前后时刻；S 为元胞的状态集合；f 为元胞转化规则；N 为元胞邻域。

6.4.2 马尔可夫模型

马尔可夫（Markov）模型是基于 Markov 过程理论，起初应用在语音识别、词性标注方面的一种统计学模型，后因其快速精准、对复杂问题精确表述以及无后效应的优势，逐渐被应用于地统计学及生态学统计分析中。水土资源演变过程具有马尔可夫演化过程的特性。水土资源承载状态即对应 Markov 过程中的"可能状态"，而水土资源承载状态之间相互转换的面积或比例可定义为状态转移概率。其表达过程可定义为

$$S_{(t+1)} = P_{ij}S_t \tag{6.5}$$

$$\boldsymbol{P}_{ij} = \begin{bmatrix} P_{11} & P_{12} & \cdots & P_{1n} \\ P_{21} & P_{22} & \cdots & P_{2n} \\ \vdots & \vdots & \cdots & \vdots \\ P_{n1} & P_{n2} & \cdots & P_{nn} \end{bmatrix} \quad (0 \leqslant P_{ij} < 1 \text{ 且 } \sum_{j=1}^{n} P_{ij} = 1) \tag{6.6}$$

式中：$\boldsymbol{P}_{ij}$ 为状态转移概率矩阵。

6.4.3 元胞自动机–马尔可夫模型

本书采用 IDRISI 软件的集成式元胞自动机–马尔可夫（CA–Markov）模块来实现对景电灌区中长期的水土资源承载状态预测。设定模拟年为 2018 年，通过模拟 2018 年的水土资源承载空间状态分布，将模拟结果与实际栅格叠加获取的水土资源空间状态进行对比分析，计算相应的模拟精度。反复调整相关模拟参数，直至获取精度实现最优工况。在此基础上，以 2018 年为基准年，将 2018 年的水土资源承载状态适宜性图集以及水土资源承载状态转移概率矩阵进行数据输入，基于 IDRISI 软件中的 CA–Markov 模块实现对 2026 年及 2034 年的水土资源承载状态空间分布预测。具体步骤如下。

6.4.3.1 转化规则

元胞自动机开展分析及相关计算的关键在于其转换规则的设置，考虑到景电灌区区域面积较大，在开展水土资源承载状态模拟研究时，将研究区水土资源承载状态矢量图转换为像元值为 100×100 的栅格数据格式。基于 IDRISI 软件的 Markov 模块，设置时间周期为 8 年，设置比例误差为 0.15，分别计算景电灌区 1994—2002 年以及 2002—2010 年的水土资源承载状态空间转移面积矩阵以及概率矩阵。

6.4.3.2　制作适宜性图集及构造 CA 滤波器

本书结合景电灌区水土资源承载的独特条件、地理特征、人类生产活动特征以及土地利用特征，将不同承载状态分类区、戈壁、建筑用地设置为限制要素，将坡度、高程、距道路距离设置为限制条件。将各驱动要素的空间解译数据统一转换为空间栅格数据，结合限制条件与限制因子对水土资源承载状态的影响，根据 MCE 与 COLLECTION EDIT 模块生成的适宜性图集来综合确定演化规则与标准，并用此标准与规则来分析确定元胞未来时刻的状态。结合已有相关研究，本研究在综合对比分析的前提下，最终认为目标元胞的状态受其包围元胞的有效影响范围为 5×5 个元胞，故最终选用 5×5 的滤波器。

6.4.3.3　确定起始时刻和 CA 循环次数

设定景电灌区 2010 年的水土资源承载状态为模拟基期，设置 CA 循环次数为 8，结合 2010—2018 年的水土资源承载状态适宜性图集及状态转移概率矩阵，实现对 2018 年水土资源承载状态的模拟。分析模拟精度，优化确定模拟精度控制变量、参数及调整适宜性图集文件。最终，以 2018 年水土资源承载状态为起始年，设置 CA 循环次数分别为 8 和 16，结合 2010—2018 年的水土资源承载状态的适宜性图集及状态转移概率矩阵，实现对景电灌区 2026 年及 2034 年的水土资源承载状态的空间格局预测。

6.5　水土资源承载状态空间转移概率

景电灌区水土资源承载状态演变模拟运用 CA - Markov 模型来模拟未来情景下的水土资源承载状态关键在于适宜性图像集与转移概率矩阵的分析过程。本节分别基于 MCE 模块与 Markov 模块来获取模拟所需的适宜性图集以及转移概率矩阵，以此来对景电灌区中长期的水土资源承载状态进行模拟，并将模拟结果与实际分析结果进行精度校正。

本研究将时限分析单位设定为年，基于 Markov 模型分析统计水土资源承载状态的转移概率，把整个转移过程看作一个离散的过程，以每一种承载状态的年平均转化率来进行转移概率的确定，以此得出 1994—2002 年、2002—2010 年和 2010—2018 年三个演变阶段的水土资源承载状态转移概率，依据式（6.5）、式（6.6）及 IDRISI 软件，将 1994—2002 年、2002—2010 年和 2010—2018 年三个演变阶段的水土资源承载状态转移概率进行分析统计，其分析子过程如图 6.2 所示，分析结果见表 6.8～表 6.10。

表 6.8　　　　　　灌区 1994—2002 年水土资源承载力变化转移概率矩阵

水土资源承载状态		2002 年				
		承载良好	承载安全	临界承载	轻微承载	严重承载
1994 年	承载良好	0.8915	0.0782	0.0221	0.0082	0
	承载安全	0.2824	0.6428	0.0521	0.0187	0.004
	临界承载	0.1021	0.3011	0.5196	0.0634	0.0138
1994 年	轻微承载	0.0071	0.1358	0.3679	0.4485	0.0407
	严重承载	0	0.0033	0.142 9	0.3211	0.5327

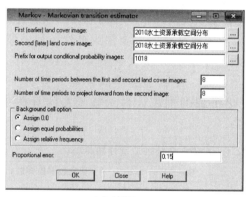

（a）过程1　　　　　　　　　　　　　　　（b）过程2

（c）过程3

图 6.2　基于 Markov 模块统计面积转移及概率矩阵过程

表 6.9　　　　　　　　　灌区 2002—2010 年水土资源承载力变化转移概率矩阵

水土资源承载状态		2010 年				
		承载良好	承载安全	临界承载	轻微承载	严重承载
2002 年	承载良好	0.8213	0.1239	0.0452	0.0074	0.0022
	承载安全	0.2976	0.5614	0.1082	0.0279	0.0049
	临界承载	0.1021	0.3214	0.4596	0.0764	0.0405
	轻微承载	0.0494	0.1461	0.3017	0.4409	0.0619
	严重承载	0.0047	0.0382	0.1019	0.2497	0.6055

表 6.10　　　　　　　　灌区 2010—2018 年水土资源承载力变化转移概率矩阵

水土资源承载状态		2018 年				
		承载良好	承载安全	临界承载	轻微承载	严重承载
2010 年	承载良好	0.8842	0.0851	0.0217	0.009	0
	承载安全	0.3524	0.5871	0.0441	0.0108	0.0056
	临界承载	0.1088	0.3144	0.5029	0.0491	0.0248
	轻微承载	0.0495	0.1214	0.2215	0.5418	0.0658
	严重承载	0.0106	0.0687	0.1325	0.2018	0.5864

6.6 预测模型校准与适宜性图集构建

6.6.1 水土资源承载力适宜性图集

景电灌区由共计 16 个乡镇组成，地形以丘陵、平原以及山间盆地、阶地和台地为主，灌区整体地势呈现出由东南向西北以弧射形增加态势。二期灌区北部接壤腾格里沙漠，土地荒漠化程度严重，导致区域内水土资源开发利用时只能组团发展。自 1994 年灌区运行以来，通过提水灌溉的方式在很大程度上提升了区域内的水土协调度，水土资源得以进一步优化配置，区域内沙地及未利用地、草地面积减少，耕地及建筑交通用地面积增加，盐碱化面积增加。结合灌区土地利用空间分布情况及时空演化过程，灌区内戈壁及建筑交通用地演化进程相对缓慢，主要集中在前两个演变周期内，该两类地类单元转化为其他地类的特征概率较小，且均为水土资源承载的主要制约自然条件。坡度、高程等地形因素以及距离道路距离等是影响水土资源开发的关键要素。故此，本节将戈壁及建筑用地设置为限制性要素，将坡度、高程、距离道路距离设置为影响性要素。结合前文对各承载状态的转移过程以及演化机理的剖析，各承载状态的具体承载适宜性图集统计见表 6.11。

表 6.11　　　　　　　　　　各承载特征适宜性图集统计

水土资源承载状态	适宜性图集要素	
	限制性要素	影响性要素
承载良好	承载良好区、戈壁、建筑用地	坡度、高程、距离道路距离
承载安全	承载安全区、戈壁、建筑用地	坡度、高程、距离道路距离
临界承载	临界承载区、戈壁、建筑用地	坡度、高程、距离道路距离
轻微承载	轻微承载区、戈壁、建筑用地	坡度、高程、距离道路距离
严重承载	严重承载区、戈壁、建筑用地	坡度、高程、距离道路距离

基于布尔运算的 MCE 来制作各适宜性图件的图集，该方法将各限制性要素以及影响性要素进行二值化，即适宜转换的特征表征为 1，不适宜转换的特征表征为 0。创建单一承载状态下的适宜性文件，受图幅限制，在此以创建承载良好这一特征的适宜性文件为例。首先创建新文件 suit _ 1，将 objective name 命名为第一类承载状态，结合前文所分析的承载良好区的限制性要素以及影响性要素，分别在 Constraint filename 与 Factor filename 导入经过 ArcGIS 栅格转 ASCⅡ 处理过的数字化文件（Good bearing area、Gobe、Construction land、DEM、slope、daolu），通过 Multi‐Objective Decision Wizard Fuzzy 模块对各要素进行标准化处理，使其转换成为值域为（0，255）的标准化数据。分析各影响要素与水土资源承载之间的函数作用模式以及通过概率分布统计情况确定各自对应参数。处理过程如图 6.3 所示，经过适宜图件的处理，得到各类承载状态的适宜性图集（以承载良好区为例），如图 6.4 所示。

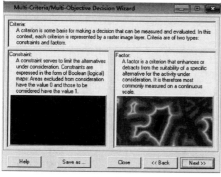

（a）处理过程1

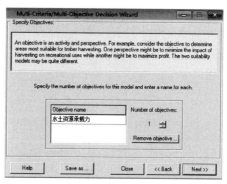

（b）处理过程2

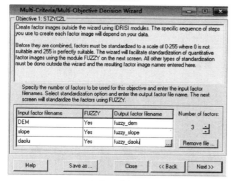

（c）处理过程3

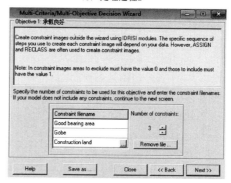

（d）处理过程4

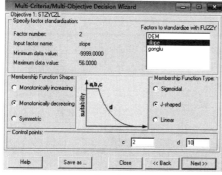

（e）处理过程5

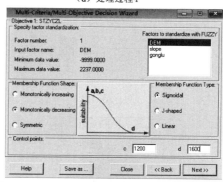

（f）处理过程6

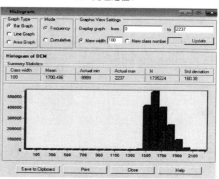

（g）处理过程7

（h）处理过程8

图 6.3（一）　适宜性图集处理过程

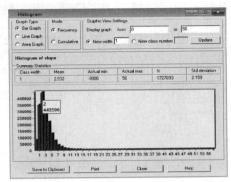

（i）处理过程9

图 6.3（二） 适宜性图集处理过程

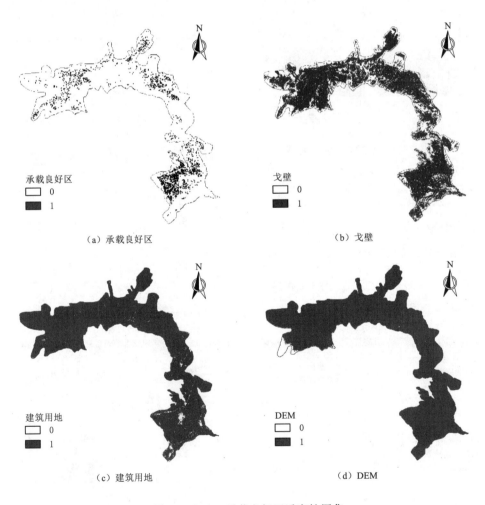

（a）承载良好区

（b）戈壁

（c）建筑用地

（d）DEM

图 6.4（一） 承载良好区适宜性图集

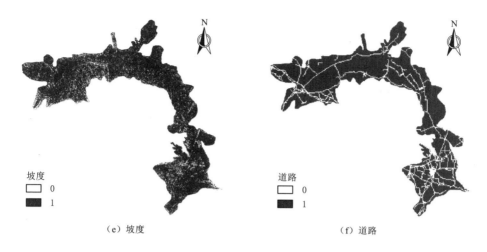

坡度

□ 0

■ 1

（e）坡度

道路

□ 0

■ 1

（f）道路

图 6.4（二） 承载良好区适宜性图集

6.6.2 2018 年水土资源承载力演变模拟

基于前述所有数据及资料的准备，以景电灌区 2010 年水土资源承载空间分布为基期影像，基于 IDRISI 中的 CA - Markov 模块，输入不同承载状态地类特征的适宜性图集，结合水土资源承载力变化转移面积矩阵及概率矩阵，设置模拟循环基数为 8 年，实现对灌区 2018 年的水土资源承载状态空间格局模拟，模拟过程如图 6.5 所示，其模拟结果如图 6.6 所示。基于 ArcGIS 10.2 将 2018 年的实际解译结果与模拟结果进行精度统计，其统计结果见表 6.12。

由图 6.6 可知，栅格叠加所得到的实际水土资源承载状态与模拟所得到的水土资源承载状态在空间上具有较小的差异性。

受灌区调水结构的变迁、人类生产活动以及环境本底自身演变的影响，决定了景电灌区水土资源承载状态空间分布的显著变化。由表 6.12 可知，在模拟的 2018 年水土资源承载结

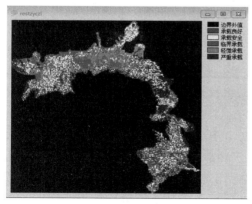

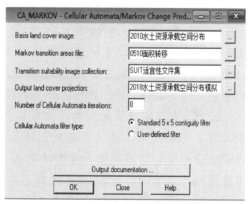

（a）2010年水土资源承载预处理状态

（b）2018年水土资源承载模拟过程

图 6.5 2018 年景电灌区水土资源承载模拟过程

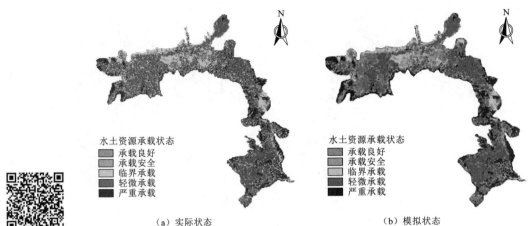

（a）实际状态　　　　　　　　　　　　　　（b）模拟状态

彩图　　　　　　　　　　　图 6.6　2018 年景电灌区水土资源承载状态实际与模拟对比

表 6.12　　　　　　　　　　**2018 年景电灌区水土资源承载状态演变模拟及精度检验**

水土资源承载状态	2018 年实际水土资源承载状态		2018 年模拟水土资源承载状态		面积对比	
	面积/hm²	比例/%	面积/hm²	比例/%	面积/hm²	精度
承载良好	32834.19	20.98	32411.77	20.71	422.42	98.71
承载安全	32321.76	20.65	34884.51	22.29	−2562.75	92.07
临界承载	31672.68	20.24	33147.33	21.18	−1474.65	95.34
轻微承载	40122.04	25.64	37732.87	24.11	2389.17	94.05
严重承载	19552.33	12.49	18326.50	11.71	1225.83	93.73

果中，各承载特征所占的空间比例与实际状态整体较为一致，在模拟的 5 类承载状态中，轻微承载占比最大，为 37732.87hm²，占比 24.11%；承载安全区域次之，为 34884.51hm²，占比 22.29%；严重承载区域面积最小，为 18326.50hm²，占比 11.71%；灌区内水土资源承载状态的模拟情况总体符合景电灌区 2010—2018 年的水土资源承载状态演变趋势。由分析结果可知，承载良好、承载安全、临界承载、轻微承载以及严重承载 5 种地类特征模拟精度分别达到了 98.71%、92.07%、95.34%、94.05% 和 93.73%。模拟精度整体均值为 94.78%，表明模拟结果整体较好。其中模拟精度最高的是承载良好区，究其原因，景电灌区在 2010—2018 年随着水土资源的优化配置，水土协调度不断升高，水土资源得以进一步健康化的开发利用，加之 2010 年固有的环境本底以及转移概率，使得其预测结果与实际情况基本一致；临界承载、轻微承载与承载严重地类特征的预测精度次之，主要因为研究区东部的封闭型水文地质单元内，随着人类生产活动对水土资源的掠夺开发，主要表征为随着土地资源的开发利用，以水-热-盐主导过程产生的盐碱化进程被不断推进，导致该区域的实际承载状态比模拟状态更剧烈；模拟精度最低的是承载安全区，且误差区主要集中分布在二期灌区内，该区域在模拟过程中，受适宜性图集的制约加之在模拟期，二期灌区内配水结构的不断完善，属于模拟过程的非可控因素。

6.7 灌区水土资源承载力中长期演变预测

通过对不同限制条件下的 2018 年景电灌区水土资源承载状态模拟，得到模拟精度整体均值为 94.78%。以此确定各承载特征对应的适宜性图集，并分别对 2026 年及 2034 年的水土资源承载状态进行预测。以景电灌区 2018 年的水土资源承载状态为初始条件，设定 2018 年为基期年，基于 IDRISI 软件中的 CA－Markov 模块，结合 MCE 构建的水土资源承载状态适宜性图集以及由 Markov 模块生成的承载状态地类特征转移概率矩阵，分别设定模拟循环周期为 8 年及 16 年，实现对 2026 年及 2034 年水土资源承载状态的模拟及预测，其模拟结果如图 6.7 所示。

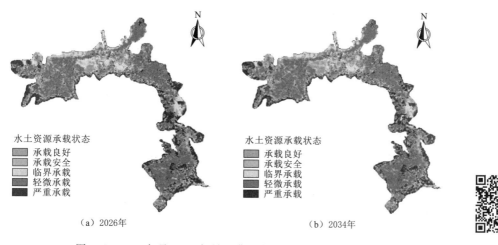

（a）2026 年　　　　　　　　　　　　　　（b）2034 年

图 6.7　2026 年及 2034 年景电灌区水土资源承载状态预测　　彩图

为直观分析灌区在 2018—2026 年以及 2026—2034 年水土资源承载特征的空间变化，本节基于 ArcGIS 10.2 的分析统计工具，将 2026 年及 2034 年各承载状态特征进行了分析统计，统计结果见表 6.13。

表 6.13　　　　　　　景电灌区中长期水土资源承载状态演变模拟结果统计

水土资源承载状态	2018 年 实际水土资源承载状态		2026 年（中期） 预测水土资源承载状态		2034 年（长期） 预测水土资源承载状态	
	面积/hm²	占比/%	面积/hm²	占比/%	面积/hm²	占比/%
承载良好	32834.19	20.98	37153.81	23.74	40315.17	25.76
承载安全	32321.76	20.65	35933.09	22.96	37732.87	24.11
临界承载	31672.68	20.24	31895.31	20.38	30940.65	19.77
轻微承载	40122.04	25.64	35588.78	22.74	31723.16	20.27
严重承载	19552.33	12.49	15932.01	10.18	15791.15	10.09

结合模拟空间分布情况及预测统计结果来看，景电灌区水土资源承载状态中承载良好地类特征从 2018 年的 32834.19hm² 增加到 2026 年的 37153.81hm²，所占百分比由 20.98% 增加到 23.74%，面积增加了 4319.62hm²，占比增加了 2.76%；从 2026 年的

37153.81hm² 增加到 2034 年的 40315.17hm²，所占百分比由 23.74％增加到 25.76％，面积增加了 3161.36hm²，占比增加了 2.02％。水土资源承载状态中承载安全地类特征从 2018 年的 32321.76hm² 增加到 2026 年的 35933.09hm²，所占百分比由 20.65％增加到 22.96％，面积增加了 3611.33hm²，占比增加了 2.31％；从 2026 年的 35933.09hm² 增加到 2034 年的 37732.87hm²，所占百分比由 22.96％增加到 24.11％，面积增加了 1799.78hm²，占比增加了 1.15％。从空间分布来看，承载安全及承载良好区域面积增加明显，主要集中分布在直滩乡、上沙沃镇、西靖乡、红水镇等荒漠化及水土资源开发程度相对较低的区域。这一预测结果表明景电灌区承载良好地类及承载安全地类空间区域在未来 8～16 年处于一个增加的趋势。这一预测结果与灌区建成运行以来，水土资源承载状态的总的演变趋势是一致的，反映灌区整体的演变趋势仍为良性状态，即健康化演变过程；灌区水土资源承载状态中临界承载地类特征从 2018 年的 31672.68hm² 增加到 2026 年的 31895.31hm²，所占百分比由 20.24％增加到 20.38％，面积增加了 222.63hm²，占比增加了 0.14％。从 2026 年的 31895.31hm² 减少到 2034 年的 30940.65hm²，所占百分比由 20.38％减少到 19.77％，面积减少了 954.66hm²，占比减少了 0.61％，这一预测结果表明，承载状态为临界承载的地类特征在 2018—2034 年的演变过程中出现了交替现象，这主要是由于在 2018—2026 年这一演变过程中，轻微承载区与严重承载区仍有向临界承载转移的较大空间，但随着灌区内水土资源的不断优化配置，区域内轻微承载区与严重承载区受适宜性条件的约束，如荒漠化严重的地区、戈壁等区域的约束，其空间转移过程开始变缓，这一演变速率低于临界承载向承载安全及承载良好的演变速率。从空间分布来看，2026—2034 年临界承载区域面积有较为明显的空间变化。水土资源承载状态中轻微承载地类特征从 2018 年的 40122.04hm² 减少到 2026 年的 35588.78hm²，所占百分比由 25.64％减少到 22.74％，面积减少了 4533.26hm²，占比减少了 2.90％。从 2026 年的 35588.78hm² 减少到 2034 年的 31723.16hm²，所占百分比由 22.74％减少到 20.27％，面积减少了 3865.62hm²，占比减少了 2.47％。水土资源承载状态中严重承载地类特征从 2018 年的 19552.33hm² 减少到 2026 年的 15932.01hm²，所占百分比由 12.49％减少到 10.18％，面积减少了 3620.32hm²，占比减少了 2.31％。从 2026 年的 15932.01hm² 减少到 2034 年的 15791.15hm²，所占百分比由 10.18％减少到 10.09％，面积减少了 140.86hm²，占比减少了 0.09％。结合 2026 年及 2034 年灌区内轻微承载及严重承载的预测的空间分布结果来看，轻微承载及严重承载区域面积整体均呈现出减少的趋势，并逐渐表现出由荒漠化集中至盐碱化、城镇化的趋势，且以灌区东部封闭型水文地质单元的盐碱化进程以及以景泰县为代表的城市化进程最具代表。结合各类承载状态地类特征的总体演变趋势来看，灌区水土资源承载状态处于一个健康化的演变过程，但局部区域出现了以土壤盐碱化为代表的土地资源退化以及城镇化加剧引起的逆向演变过程，这一演变过程的出现是灌区未来运行过程的首要遏制因素。为防止这种趋势的进一步恶化，一方面应对水土资源做进一步的优化配置，使其充分发挥好水土保持、生态改善等生态功能。另一方面需要有针对地开展以土地盐碱化治理为主的水土环境系列治理，充分发挥"生物治碱＋化学治碱＋工程治碱"三位一体的盐碱化防治技术，引入公益开发模式，如在地下水外露的封闭区域，示范建设湿地公园，提高区域空气湿度，调节区域小气候，以此缓解水土资源承载压力。

参 考 文 献

白玮，2016. 西北干旱区节水灌溉方式研究 [J]. 价值工程，35 (24)：252-254.

毕华兴，张建军，张学培，2003. 山西吉县 2010 年水土资源承载力预测 [J]. 北京林业大学学报，25 (1)：69-73.

卞建民，汤洁，林年丰，2001. 松嫩平原西南部土地碱质荒漠化预警研究 [J]. 环境科学研究，15 (6)：47-49，53.

蔡海生，刘木生，陈美球，等，2009. 基于 GIS 的江西省生态环境脆弱性动态评价 [J]. 水土保持通报，29 (5)：190-196.

曹连海，吴普特，赵西宁，等，2014. 近 50 年河套灌区种植系统演化分析 [J]. 农业机械学报，45 (7)：144-150.

常晓敏，2019. 河套灌区水盐动态模拟与可持续性策略研究 [D]. 北京：中国水利水电科学研究院.

陈芳，魏怀东，周兰萍，等，2018. 景电灌区植被覆盖遥感动态监测 [J]. 西北林学院学报，33 (3)：226-231.

陈美球，蔡海生，赵小敏，等，2003. 基于 GIS 的鄱阳湖区脆弱生态环境的空间分异特征分析 [J]. 江西农业大学学报（自然科学），25 (4)：523-527.

陈帅瑶，2019. 滹沱河：滏阳河流域平原区地下水数值模拟及水资源评价 [D]. 北京：中国地质大学.

陈莹，2019. 张家口市北水源（水源地）地下水数值模拟 [D]. 石家庄：河北地质大学.

程慧，2018. 景电灌区不同灌溉方式下水盐运移规律研究 [D]. 郑州：华北水利水电大学.

楚敬龙，林星杰，郑洁琼，2014. 解析法在冶炼项目地下水环境影响评价中的应用 [C] //中国环境科学学会，2014 中国环境科学学会学术年会（第四章）. 北京矿冶研究总院.

代锋刚，张发旺，王滨，等，2018. 群矿开采条件下山西潞安矿区的地下水流场变化 [J]. 地球学报，39 (1)：94-102.

戴云峰，林锦，郭巧娜，等，2020. 快速评价海水入侵区地层渗透性实验研究 [J]. 水利学报，51 (10)：1234-1247.

邓小进，井长青，郭文章，等，2021. 准噶尔盆地不同土地利用类型地表反照率研究 [J]. 自然资源遥感，33 (3)：173-183.

丁峰，高志海，魏怀东，2004. 景电二期工程上水前后土地利用变化及生境评价 [J]. 水土保持学报，18 (351)：149-153.

丁世飞，齐丙娟，谭红艳，2011. 支持向量机理论与算法研究综述 [J]. 电子科技大学学报，40 (1)：2-10.

丁新原，周智彬，徐新文，等，2016. 咸水滴灌下塔克拉玛干沙漠腹地人工防护林土壤水盐动态 [J]. 土壤学报，53 (1)：103-116.

杜斌，张炜，2016. 基于面向对象的高分辨率遥感影像分类技术研究 [J]. 西部资源，13 (5)：135-138.

杜俊平，2019. 西部干旱区农业灌溉水价的间接补偿机制研究 [J]. 长春大学学报，29 (9)：24-30.

段四波，茹晨，李召良，等，2021. Landsat 卫星热红外数据地表温度遥感反演研究进展 [J]. 遥感学报，25 (8)：1591-1617.

范海燕，朱丹阳，郝仲勇，等，2017. 基于 AHP 和 ArcGIS 的北京市农业节水区划研究 [J]. 农业机械学报，48 (3)：288-293.

范远航，2020. 西安市典型海绵设施雨水入渗对地下水的影响研究 [D]. 西安：西安理工大学.

高化雨，韩会玲，张晶，等，2019. 基于生态脆弱性评价的松花湖湖滨带功能区划研究 [J]. 水生态学杂志，40 (6)：1-7.

高慧琴，杨明明，黑亮，等，2012. MODFLOW 和 FEFLOW 在国内地下水数值模拟中的应用 [J]. 地下水，34 (4)：13-15.

耿润哲，李明涛，王晓燕，等，2015. 基于 SWAT 模型的流域土地利用格局变化对面源污染的影响 [J]. 农业工程学报，31 (16)：241-250.

龚文峰，袁力，范文义，2012. 基于 CA-Markov 的哈尔滨市土地利用变化及预测 [J]. 农业工程学报，28 (14)：216-222.

贡璐，刘曾媛，塔西甫拉提·特依拜，2015. 极端干旱区绿洲土壤盐分特征及其影响因素 [J]. 干旱区研究，32 (4)：657-662.

关元秀，刘高焕，王劲峰，2001. 基于 GIS 的黄河三角洲盐碱地改良分区 [J]. 地理学报，68 (2)：198-205.

韩丽娜，2020. 北方干旱区取水灌区水盐时空分布特征的遥感数据分析研究 [J]. 水利规划与设计，33 (3)：117-124.

郝媛媛，2017. 基于 GIS/RS 的西北内陆河流域生态恢复效果评价研究 [D]. 兰州：兰州大学.

何丹，周璟，高伟，等，2014. 基于 CA-Markov 模型的滇池流域土地利用变化动态模拟研究 [J]. 北京大学学报（自然科学版），50 (6)：1095-1105.

侯嘉维，2016. 马海盆地地下水数值模拟与资源评价 [D]. 长春：吉林大学.

胡顺军，康绍忠，宋郁东，等，2004. 渭干河灌区土壤水盐空间变异性研究 [J]. 水土保持学报，18 (2)：10-12，20.

华孟，王坚，1992. 土壤物理学 [M]. 北京：北京农业大学出版社.

黄维友，2007. 基于 GIS 技术的闽江流域生态脆弱性分析研究 [D]. 福州：福建农林大学.

贾艳红，赵军，南忠仁，等，2007. 熵权法在草原生态安全评价研究中的应用：以甘肃牧区为例 [J]. 干旱区资源与环境，21 (1)：17-21.

姜秋香，付强，王子龙，2011. 三江平原水资源承载力评价及区域差异 [J]. 农业工程学报，27 (9)：184-190.

姜益善，苏秋克，2018. 解析法在地下水环境影响评价中的应用研究 [J]. 中国资源综合利用，36 (9)：138-139.

雷波，2013. 黄土丘陵区生态脆弱性演变及其驱动力分析 [D]. 北京：中国科学院研究生院（教育部水土保持与生态环境研究中心）.

类延忠，冯颖，周宝同，等，2013. 基于主成分分析及聚类分析法的岩溶区生态脆弱性评价：以毕节岩溶区为例 [J]. 广东农业科学，40 (2)：169-172.

冷若琳，张瑶瑶，谢建全，等，2019. 基于多光谱数据与小型无人机的甘南草地非生长季植被覆盖度 [J]. 草业科学，36 (11)：2742-2751.

李德毅，刘常昱，2004. 论正态云模型的普适性 [J]. 中国工程科学，6 (8)：28-34.

李德毅，刘常昱，杜鹢，等，2004. 不确定性人工智能 [J]. 软件学报，15 (11)：1583-1594.

李凤全，吴樟荣，2002. 半干旱地区土地盐碱化预警研究：以吉林省西部土地盐碱化预警为例 [J]. 水土保持通报，22 (1)：57-59.

李佳，段平，吕海洋，等，2016. 基于改进的逐点交叉验证的 RBF 形态参数优化方法及其空间插值实验 [J]. 地理与地理信息科学，32 (3)：39-42，48.

李建平，赵江洪，张柏，等，2006. 基于 Markov 模型的松嫩平原西南部土地盐碱化预测研究 [J]. 农业系统科学与综合研究，22 (4)：264-267.

李洁，2016. 土地利用/覆被变化对黑河中游地区社会：生态系统脆弱性的影响 [D]. 兰州：西北师范大学.

李亮亮，依艳丽，凌国鑫，等，2005. 地统计学在土壤空间变异研究中的应用 [J]. 土壤通报，49（2）：265-268.

李天霄，付强，彭胜民，2012. 基于 DPSIR 模型的水土资源承载力评价 [J]. 东北农业大学学报，43（8）：128-134.

李万明，黄程琪，2018. 西北干旱区水资源利用与经济要素的匹配研究 [J]. 节水灌溉，43（7）：88-93.

廖永皓，张镇冬，2019. 遥感影像融合方法与实现 [J]. 江西测绘，37（3）：37-39，47.

林卉，于瑞鹏，王李娟，等，2017. 基于特征向量的遥感影像自动分类研究 [J]. 计算机工程与应用，53（16）：177-181.

林乐胜，黄国斌，2008. 基于尖角突变模型的防洪大堤土体稳定性分析 [J]. 徐州师范大学学报（自然科学版），26（4）：76-78.

刘常昱，李德毅，潘莉莉，2004. 基于云模型的不确定性知识表示 [J]. 计算机工程与应用，40（2）：32-35.

刘畅，冯宝平，张展羽，等，2017. 基于压力-状态-响应的熵权-物元水生态文明评价模型 [J]. 农业工程学报，33（16）：1-7.

刘东，封志明，杨艳昭，等，2011. 中国粮食生产发展特征及土地资源承载力空间格局现状 [J]. 农业工程学报，27（7）：1-6，398.

刘广明，吕真真，杨劲松，等，2012. 典型绿洲区土壤盐分的空间变异特征 [J]. 农业工程学报，28（16）：100-107.

刘辉，2017. 天山北坡中段山地草原植被叶面积指数的测量方法比较研究 [D]. 乌鲁木齐：新疆农业大学.

刘立平，刘良旭，连杰，等，2021. 河套绿洲土地覆盖类型变化特征及驱动因素 [J]. 中国沙漠，41（5）：210-218.

刘璐瑶，2018. 基于 ArcGIS 景电灌区区域尺度土壤水盐时空分异进程研究 [D]. 郑州：华北水利水电大学.

刘绿柳，姜彤，徐金阁，等，2012. 西江流域水文过程的多气候模式多情景研究 [J]. 水利学报，43（12）：1413-1421.

刘宇涛，2010. 不同景观类型下生态环境脆弱性研究及生态恢复模式探讨 [D]. 重庆：西南大学.

罗先香，邓伟，2000. 松嫩平原西部土壤盐渍化动态敏感性分析与预测 [J]. 水土保持学报，14（3）：36-40.

吕利军，王嘉学，肖波，等，2009. 典型旅游城市环境脆弱度评价与分析：以昆明市主城区为例 [J]. 山西师范大学学报（自然科学版），23（3）：123-128.

马宏宏，余涛，杨忠芳，等，2018. 典型区土壤重金属空间插值方法与污染评价 [J]. 环境科学，39（10）：4684-4693.

梅杰，刘国东，夏成城，等，2019. 数值法与解析法在地下水环境影响评价中的应用研究 [J]. 灌溉排水学报，38（8）：107-112.

门宝辉，梁川，刘庆华，2002. 基于属性识别方法的区域水资源开发利用程度综合评价 [J]. 西北农林科技大学学报（自然科学版），67（6）：207-210.

莫治新，韩飞，马萍，等，2017. 不同盐结皮覆盖对土壤水分时空动态的影响 [J]. 北方园艺，41（11）：175-178.

南彩艳，粟晓玲，2012. 基于改进 SPA 的关中地区水土资源承载力综合评价 [J]. 自然资源学报，27（1）：104-114.

南纪琴，陶国通，王景雷，等，2015. 区域农业水土资源利用潜力估算方法：以河套灌区为例 [J]. 自然资源学报，30（8）：1378-1390.

欧健滨，罗文斐，刘畅，2019. 多源数据结合的高分一号土地利用/覆盖分类方法研究 [J]. 华南师范大

学学报（自然科学版），51（5）：92-97.

潘竟虎，冯兆东，2008. 基于熵权物元可拓模型的黑河中游生态环境脆弱性评价［J］. 生态与农村环境学报，24（1）：1-4，9.

亓雪勇，田庆久，2005. 光学遥感大气校正研究进展［J］. 国土资源遥感，17（4）：1-6.

钱立勇，吴德成，周晓军，等，2020. 高光谱成像激光雷达系统辐射定标和地物信息获取［J］. 光学学报，40（11）：198-205.

秦元伟，赵庚星，王静，等，2009. 黄河三角洲滨海盐碱退化地恢复与再利用评价［J］. 农业工程学报，25（11）：306-311.

曲衍波，朱伟亚，郧文聚，等，2017. 基于压力-状态-响应模型的土地整治空间格局及障碍诊断［J］. 农业工程学报，33（3）：241-249.

全江涛，杨永芳，周嘉昕，2020. 河南省土地资源承载力时空演变分析与预测［J］. 水土保持研究，27（2）：315-322.

任守德，付强，王凯，2011. 基于宏微观尺度的三江平原区域农业水土资源承载力［J］. 农业工程学报，27（2）：8-14.

任智丽，2020. 会仙湿地岩溶地下水数值模拟［D］. 邯郸：河北工程大学.

桑学锋，王浩，王建华，等，2018. 水资源综合模拟与调配模型 WAS（Ⅰ）：模型原理与构建［J］. 水利学报，49（12）：1451-1459.

邵怀勇，杨武年，陶诗祺，等，2016. 川西北江河源区生态地质环境脆弱性分析评估与分析［C］//中国地质学会数学地质与地学信息专业委员会、中南大学、湖南省国土资源厅、湖南省地质学会，第十五届全国数学地质与地学信息学术研讨会论文集.

邵景力，赵宗壮，崔亚莉，等，2009. 华北平原地下水流模拟及地下水资源评价［J］. 资源科学，31（3）：361-367.

师彦武，康绍忠，简艳红，2003. 干旱区内陆河流域水资源开发对水土环境效应的评价指标体系设计［J］. 水土保持通报，23（3）：24-27.

施开放，刁承泰，孙秀锋，2013. 基于熵权可拓决策模型的重庆三峡库区水土资源承载力评价［J］. 环境科学学报，33（2）：609-616.

石惠春，何剑，刘伟，2012. 石羊河流域生态脆弱性评价研究［J］. 资源开发与市场，28（11）：1020-1024.

石元春，辛德惠，1983. 黄淮海平原的水盐运动和旱涝盐碱的综合治理［M］. 石家庄：河北人民出版社.

石媛媛，纪永福，张恒嘉，等，2021. 民勤荒漠绿洲干旱影响因子及驱动机制研究［J］. 水生态学杂志，42（4）：18-25.

史晓霞，李京，陈云浩，等，2007. 基于 CA 模型的土壤盐渍化时空演变模拟与预测［J］. 农业工程学报，23（1）：6-12，291.

束龙仓，许杨，吴佩鹏，2017. 基于 MODFLOW 参数不确定性的地下水水流数值模拟方法［J］. 吉林大学学报（地球科学版），47（6）：1803-1809.

宋松柏，蔡焕杰，2005. 旱区流域水土环境质量的综合定量评价模型［J］. 应用生态学报，16（2）：345-349.

孙凌云，孜比布拉·司马义，王颖红，等，2017. 基于变异系数-综合指数法的乌鲁木齐城市脆弱性评价［J］. 安全与环境工程，24（6）：14-19.

孙晓东，2019. 节水农业和国家安全问题研究：评《东北半干旱抗旱灌溉区节水农业理论与实践》［J］. 灌溉排水学报，38（12）：135.

孙运朋，陈小兵，张振华，等，2013. 滨海棉田土壤盐分时空分布特征研究［J］. 土壤学报，50（5）：891-899.

拓学森，陈兴鹏，薛冰，2006. 民勤县水土资源承载力系统动力学仿真模型研究［J］. 干旱区资源与环

境，20（6）：78-83.

汤洁，卞建民，林年丰，等，2006. GIS-PModflow 联合系统在松嫩平原西部潜水环境预警中的应用 [J].
水科学进展，17（4）：483-489.

汤竞煌，聂智龙，2007. 遥感图像的几何校正 [J]. 测绘与空间地理信息，30（2）：100-102，106.

田富有，2021. 基于地理大数据的水土资源开发利用与全球贫困关联分析 [D]. 北京：中国科学院大学
（中国科学院空天信息创新研究院）.

田辉，2020. 基于 SWAT 与 Visual Modflow 的海伦市水资源模拟与合理配置研究 [D]. 长春：吉林
大学.

王爱国，1990. 多层含水层系统的地下水流模拟模型 [J]. 水利水电技术，32（11）：7-14.

王浩，陆垂裕，秦大庸，等，2010. 地下水数值计算与应用研究进展综述 [J]. 地学前缘，17（6）：1-12.

王佳丽，黄贤金，钟太洋，等，2011. 盐碱地可持续利用研究综述 [J]. 地理学报，66（5）：673-684.

王军，张骁，高岩，2021. 青藏高原植被动态与环境因子相互关系的研究现状与展望 [J]. 地学前缘，
28（4）：70-82.

王军进，张洪伟，张国珍，等，2018. 地下水数值模拟方法的研究与应用进展 [J]. 环境与发展，30
（6）：103-104，106.

王礼春，2010. 天津市深层地下水资源及其地面沉降数值模拟研究 [D]. 北京：中国地质大学.

王丽亚，韩锦平，刘久荣，等，2009. 北京平原区域地下水流模拟 [J]. 水文地质工程地质，36（1）：
11-17.

王灵敏，王军强，刘荣慧，等，2020. 许昌市建安区北部采空区三维地下水流数值模拟 [J]. 华北水利
水电大学学报（自然科学版），41（4）：15-21.

王录仓，高静，2014. 基于灌区尺度的聚落与水土资源空间耦合关系研究：以张掖绿洲为例 [J]. 自然
资源学报，29（11）：1888-1901.

王娜，春喜，周海军，等，2020. 干旱区水资源利用与经济发展关系研究：以鄂尔多斯市为例 [J]. 节
水灌溉，25（6）：108-113.

王荣荣，2017. 景电灌区土壤盐渍化特征及水盐运移规律研究 [D]. 郑州：华北水利水电大学.

王瑞燕，2009. 县域尺度环境脆弱性演变及其土地利用/覆盖效应 [D]. 济南：山东农业大学.

王书华，毛汉英，2001. 土地综合承载力指标体系设计及评价：中国东部沿海地区案例研究 [J]. 自然
资源学报，16（3）：248-254.

王秀妮，张荣群，周德，等，2010. 基于 Markov 链的土壤盐渍化动态变化预测 [J]. 农业工程学报，26
（增刊2）：202-206，427.

王燕，徐存东，樊建领，2007. 从景电灌区水土资源现状探讨提水灌区节水措施与途径 [J]. 灌溉排水
学报，26（增刊1）：198-199.

王友生，余新晓，贺康宁，等，2011. 基于 CA-Markov 模型的藉河流域土地利用变化动态模拟 [J].
农业工程学报，27（12）：330-336，442.

王志刚，张小辉，苏秋克，2013. 地下水溶质运移解析法在地下水环境影响评价中的应用：以中煤大屯
电厂灰场为例 [J]. 科技资讯，11（29）：141-142.

韦晶，郭亚敏，孙林，等，2015. 三江源地区生态环境脆弱性评价 [J]. 生态学杂志，34（7）：1968-1975.

韦莉，2010. 基于 RS 和 GIS 的石羊河流域生态脆弱性评价研究 [D]. 兰州：西北师范大学.

韦庆，2004. 吉林西部草地生态环境退化驱动因子分析及恢复治理措施研究 [D]. 长春：吉林大学.

魏加华，崔亚莉，邵景力，等，2000. 济宁市地下水与地面沉降三维有限元模拟 [J]. 长春科技大学学
报，45（4）：376-380.

魏巍贤，冯佳，1998. 多目标权系数的组合赋值方法研究 [J]. 系统工程与电子技术，20（2）：14-16.

温钦钰，2017. 景电灌区田间水转化模拟与区域地下水动态响应关系研究 [D]. 郑州：华北水利水电大学
大学.

文倩，孙江涛，范利瑶，等，2022. 基于熵权 TOPSIS 的河南省农业水土资源承载力时空分异与关联分析 [J]. 水土保持研究，29（1）：333 - 338.

闻国静，2018. 滇东南典型岩溶湿地流域生态脆弱性评价 [D]. 昆明：西南林业大学.

吴吉春，薛禹群，黄海，等，2001. 山西柳林泉域地下水流数值模拟 [J]. 水文地质工程地质，45（2）：18 - 20.

夏热帕提·阿不来提，刘高焕，刘庆生，等，2019. 基于遥感与 GIS 技术的黄河宁蒙河段洪泛湿地生态环境脆弱性定量评价 [J]. 遥感技术与应用，34（4）：874 - 885.

谢承陶，1993. 盐渍土改良原理与作物抗性 [M]. 北京：中国农业科技出版社.

熊立，梁樑，王国华，2005. 层次分析法中数字标度的选择与评价方法研究 [J]. 系统工程理论与实践，25（3）：72 - 79.

徐存东，2010. 景电灌区水盐运移对局域水土资源影响研究 [D]. 兰州：兰州大学.

徐存东，程慧，刘璐瑶，等，2017. 基于云模型的干旱扬水灌区水土环境演化响应评价 [J]. 中国农村水利水电，59（10）：28 - 34.

徐存东，程慧，王燕，等，2017. 灌区土壤盐渍化程度云理论改进多级模糊评价模型 [J]. 农业工程学报，33（24）：88 - 95.

徐存东，翟禄新，王燕，等，2011. 干旱灌区封闭型和开敞型水文地质单元的水盐动态监测研究 [J]. 中国农村水利水电，53（11）：149 - 152，163.

徐存东，谷丰佑，朱兴林，等，2020. 基于空间插值的区域尺度土壤全盐量时空变异规律研究 [J]. 中国农村水利水电，62（1）：1 - 7，12.

徐存东，连海东，聂俊坤，等，2015. 基于改进层次分析法的干旱扬水灌区水土环境变迁响应评估 [J]. 干旱区地理，38（5）：880 - 886.

徐存东，刘子金，朱兴林，等，2021. 干旱区人工绿洲土壤盐渍化风险综合评估 [J]. 水利水电技术（中英文），52（6）：151 - 161.

徐存东，聂俊坤，刘辉，等，2015. 基于 HYDRUS - 2D 的田间土壤水盐运移过程研究 [J]. 节水灌溉，40（9）：57 - 60.

徐存东，王荣荣，程慧，等，2019. 基于遥感数据分析干旱区人工绿洲灌区的水盐时空分异特征 [J]. 农业工程学报，35（2）：80 - 89.

徐存东，张锐，王荣荣，等，2018. 基于改进支持向量机的盐碱地信息精确提取方法研究 [J]. 灌溉排水学报，37（9）：62 - 68.

徐存东，朱兴林，张锐，等，2020. 基于云模型的梯级泵站系统服役状态综合评估 [J]. 排灌机械工程学报，38（6）：577 - 582.

徐广才，康慕谊，贺丽娜，等，2009. 生态脆弱性及其研究进展 [J]. 生态学报，29（5）：2578 - 2588.

徐庆勇，黄玫，陆佩玲，等，2011. 基于 RS 与 GIS 的长江三角洲生态环境脆弱性综合评价 [J]. 环境科学研究，24（1）：58 - 65.

徐岩，胡振琪，陈景平，等，2019. 基于无人机遥感的开采沉陷耕地质量评价及复垦建议 [J]. 金属矿山，54（3）：173 - 181.

徐英，陈亚新，周明耀，2005. 不同时期农田土壤水分和盐分的空间变异性分析 [J]. 灌溉排水学报，24（3）：30 - 34.

徐昭，史海滨，李仙岳，等，2019. 不同程度盐渍化农田下玉米产量对水氮调控的响应 [J]. 农业机械学报，50（5）：334 - 343.

徐征捷，张友鹏，苏宏升，2014. 基于云模型的模糊综合评判法在风险评估中的应用 [J]. 安全与环境学报，14（2）：58 - 65.

薛敏，高明秀，王卓然，等，2017. 环渤海盐碱地田块尺度水盐时空变异特征 [J]. 江苏农业科学，45（24）：267 - 271.

杨斌，詹金凤，李茂娇，2014. 岷江上游流域环境脆弱性评价 [J]. 国土资源遥感，26（4）：138-144.

杨东，刘强，郭盼盼，等，2010. 河西地区土地生产潜力及人口承载力研究：以张掖市甘州区为例 [J]. 国土与自然资源研究，32（3）：4-7.

杨广，何新林，杜玉娇，等，2013. 叶尔羌河灌区水土资源特征及其承载力分析 [J]. 人民黄河，35（2）：78-80.

杨建宇，张欣，李鹏山，等，2018. 基于物元分析的区域土地生态安全评价方法研究 [J]. 农业机械学报，48（增刊1）：238-246.

杨劲松，2008. 中国盐渍土研究的发展历程与展望 [J]. 土壤学报，61（5）：837-845.

杨晋，2019. 解析法在地下水环境影响评价中的应用研究 [J]. 环境与发展，31（11）：12-13.

杨军，马艳，孙兆军，2018. 宁夏龟裂碱土水盐运移及时空分布特征 [J]. 农业工程学报，34（增刊1）：214-221.

杨思存，车宗贤，王成宝，等，2014. 甘肃沿黄灌区土壤盐渍化特征及其成因 [J]. 干旱区研究，31（1）：57-64.

杨亚锋，王红瑞，赵伟静，等，2021. 水资源承载力的集对势：偏联系数评价模型 [J]. 工程科学与技术，53（3）：99-105.

杨艳丽，史学正，于东升，等，2008. 区域尺度土壤养分空间变异及其影响因素研究 [J]. 地理科学，28（6）：788-792.

杨艳青，2016. 不同地貌单元下遥感影像分类方法的比较研究 [D]. 太原：山西师范大学.

杨正华，王增丽，董平国，等，2017. 石羊河流域膜下滴灌土壤水盐空间分布特征 [J]. 排灌机械工程学报，35（9）：806-812.

姚荣江，杨劲松，姜龙，2008. 黄河下游三角洲盐渍区表层土壤积盐影响因子及其强度分析 [J]. 土壤通报，52（5）：1115-1119.

姚治君，王建华，江东，等，2002. 区域水资源承载力的研究进展及其理论探析 [J]. 水科学进展，13（1）：111-115.

依力亚斯江·努尔麦麦提，师庆东，阿不都拉·阿不力孜，等，2019. 灰色评估模型定量评价于田绿洲土壤盐渍化风险 [J]. 农业工程学报，35（8）：176-184.

岳思羽，李怀恩，赵丽，2021. 气候和土地利用变化对渭河流域水资源短缺的影响 [J]. 水土保持研究，28（5）：95-101.

张春艳，束龙仓，程艳红，等，2020. 落水洞水位对水文情景响应变化的试验研究 [J]. 人民黄河，42（6）：46-52.

张春艳，束龙仓，张帅领，2019. 具有不同转折角度的复杂单裂隙水头损失试验研究 [J]. 水文地质工程地质，46（2）：51-56.

张风芝，李红卫，董深，等，2019. 基于 Visual Modflow 室内抽灌实验地下水水位变化研究 [J]. 中国环境管理干部学院学报，29（5）：71-75.

张慧利，蔡洁，夏显力，2018. 水土流失治理效益与生态农业发展的耦合协调性分析 [J]. 农业工程学报，34（8）：162-169.

张礼兵，胡亚南，金菊良，等，2021. 基于系统动力学的巢湖流域水资源承载力动态预测与调控 [J]. 湖泊科学，33（1）：242-254.

张龙生，李萍，张建旗，2013. 甘肃省生态环境脆弱性及其主要影响因素分析 [J]. 中国农业资源与区划，34（3）：55-59.

张露凝，2017. 黄河三角洲湿地生态环境脆弱性评价及演变特性研究 [D]. 郑州：华北水利水电大学.

张强，2020. 低影响开发对沣西新城地下水水位水质影响的研究 [D]. 西安：西安科技大学.

张秋文，章永志，钟鸣，2014. 基于云模型的水库诱发地震风险多级模糊综合评价 [J]. 水利学报，45（1）：87-95.

张晓青，李玉江，2006. 山东省水土资源承载力空间结构研究 [J]. 资源科学，30（2）：13-21.

张学工，2000. 关于统计学习理论与支持向量机 [J]. 自动化学报，38（1）：36-46.

张学玲，余文波，蔡海生，等，2018. 区域生态环境脆弱性评价方法研究综述 [J]. 生态学报，38（16）：5970-5981.

张越，杨劲松，姚荣江，2016. 咸水冻融灌溉对重度盐渍土壤水盐分布的影响 [J]. 土壤学报，53（2）：388-400.

赵桂久，1996. 生态环境综合整治与恢复技术研究取得重大成果 [J]. 中国科学院院刊，11（4）：289-292.

赵珂，饶懿，王丽丽，等，2004. 西南地区生态脆弱性评价研究：以云南、贵州为例 [J]. 地质灾害与环境保护（2）：38-42.

赵良杰，2019. 岩溶裂隙：管道双重含水介质水流交换机理研究 [D]. 北京：中国地质大学.

郑久瑜，赵西宁，操信春，等，2015. 河套灌区农业水土资源时空匹配格局研究 [J]. 水土保持研究，22（3）：132-136.

郑明，白云岗，张江辉，等，2020. 基于主成分分析法的干旱区典型绿洲土壤盐分特征分析：以新疆第二师 31 团为例 [J]. 中国农学通报，36（27）：81-87.

郑伟，曾志远，2004. 遥感图像大气校正方法综述 [J]. 遥感信息，19（4）：66-70.

郑新杰，肖一鸣，巩翼龙，2020. 基于暗原色先验的遥感影像去雾方法研究 [J]. 测绘与空间地理信息，43（1）：57-60.

周念清，朱学愚，1997. 淄博市博山区地下水污染成因探讨及时空模拟 [J]. 岩土工程技术，11（1）：45-50.

周在明，张光辉，王金哲，等，2010. 环渤海微咸水区土壤盐分及盐渍化程度的空间格局 [J]. 农业工程学报，26（10）：15-20，385.

朱薇，周宏飞，李兰海，等，2020. 哈萨克斯坦农业水土资源承载力评价及其影响因素识别 [J]. 干旱区研究，37（1）：254-263.

朱兴林，2020. 景电灌区水土环境脆弱性时空演变研究 [D]. 郑州：华北水利水电大学.

左亚会，2017. 我国地下水数值模拟的研究进展及应用现状 [J]. 珠江现代建设，35（5）：9-12.

ANDERSON D, FORD J D, WAY R G, 2018. The impacts of climate and social changes on cloudberry (bakeapple) picking: a case study from Southeastern Labrador [J]. Human ecology: an interdisciplinary journal, 46（6）：849-863.

BADIA A, PALLARES-BARBERA M, VALLDEPERAS N, et al, 2019. Wildfires in the wildland-urban interface in Catalonia: vulnerability analysis based on landuse and land cover change [J]. The science of the total environment, 673：184-196.

BADIA H S E M B, 2017. Quantifying groundwater resources, drought and evapotranspiration using remote sensing data and land surface models [D]. 北京：中国科学院大学（中国科学院遥感与数字地球研究所）.

BILAL C, GILER M, KILIC K, et al, 2007. Assessment of spatial variability in some soil properties as related to soil salinity and alkalinity in Bafra plain in northern Turkey [J]. Environmental monitoring and assessment, 124（1-3）：223-234.

BLESSENT D, THERRIEN R, GABLE C W, 2011. Large-scale numerical simulation of groundwater flow and solute transport in discretely-fractured crystalline bedrock [J]. Advances in water resources, 34（12），1539-1552.

BRAUN F, PROENÇA M, ADLER A, et al, 2018. Accuracy and reliability of noninvasive stroke volume monitoring via ECG-gated 3D electrical impedance tomography in healthy volunteers [J]. Plos one, 13（1）：e019 1870.

DOUAOUI A E K, NICOLAS H, WALTER C, 2006. Detecting salinity hazards within a semiarid context by means of combining soil and remote – sensing data [J]. Geoderma, 134 (1): 217 – 230.

FALKENMARK M, WIDSTRAND C, et al, 1992. Population and water resources: a delicate balance [J]. Population bulletin, 47 (3): 1 – 36.

FELIX O D H, DIEKKRÜGER B, STEUP G, et al, 2019. Modeling the effect of land use and climate change on water resources and soil erosion in a tropical West African catch – ment (Dano, Burkina Faso) using SHETRAN [J]. Science of the total environment, 653: 431 – 445.

GIRARD P, BOULANGER J P, HUTTON C, 2014. Challenges of climate change in tropical basins: vulnerability of eco – agrosystems and human populations [J]. Climatic Change, 127, 1 – 13.

HARKER P T, VARGAS L G, 1987. The theory of ratio scale estimation: Saaty's analytic hierarchy process [J]. Management science, 33 (11): 1383 – 1403.

HUANG P H, TSAI J S, LIN W T, 2010. Using multiple – criteria decision – making techniques for eco – environmental vulnerability assessment: a case study on the Chi – Jia – Wan Stream watershed, Taiwan [J]. Environmental monitoring and assessment, 168: 141 – 158.

JAYANTHI M, SELVASEKAR T, SAMYNATHAN M, et al, 2020. Assessment of land and water ecosystems capability to support aquaculture expansion in climate – vulnerable regions using analytical hierarchy process based geospatial analysis [J]. Journal of environmental management, 270: 110952.

JOARDAR S D, 1998. Carrying capacities and stanards as bases towards urban infrastructure planning in India: a case of urban water supply and sanitation [J]. Habitat international, 22 (3): 327 – 337.

KIENBERGER S, BLASCHKE T, ZAIDI R Z, 2013. A framework for spatio – temporal scales and concepts from different disciplines: the 'vulnerability cube' [J]. Natural hazards, 68 (3): 1343 – 1369.

KIM J M, 2005. Three – dimensional numerical simulation of fully coupled groundwater flow and land deformation in unsaturated true anisotropic aquifers due to groundwater pumping [J]. Water resources research, 41 (1): W01003.

LAMSAL P, KUMAR L, ATREYA K, et al, 2017. Vulnerability and impacts of climate change on forest and freshwater wetland ecosystems in Nepal: a review [J]. Ambio, 1 (6): 1 – 16.

LI Y, TIAN Y P, LI C K, 2011. Comparison study on ways of ecological vulnerability assessment: a case study in the Hengyang Basin [J]. Procedia environmental sciences, 10: 2067 – 2074.

MANFRÉ L A, DA SILVA A M, URBAN R C, et al, 2013. Environmental fragility evaluation and guidelines for environmental zoning: a study case on Ibiuna (the Southeastern Brazilian region) [J]. Environmental earth sciences, 69 (3): 947 – 957.

MCLEOD M K, SLAVICH P G, IRHAS Y, et al, 2009. Soil salinity in Aceh after the December 2004 Indian Ocean tsunami [J]. Agricultural water management, 97 (5): 605 – 613.

MHAZO N, CHIVENGE P, CHAPLOT V, 2016. Tillage impact on soil erosion by water: discrepancies due to climate and soil characteristics [J]. Agriculture ecosystems & environment, 230: 231 – 241.

MOTOSHITA M, PFISTER S, FINKBEINER M, 2020. Regional carrying capacities of freshwater consumption – current pressure and its sources [J]. Environmental science and technology, 54 (14): 9083 – 9094.

NAIMI – AIT – AOUDIAB M, BEREZOWSKA – AZZAG E, 2014. Algiers carrying capacity withrespect to per capita domestic water [J]. Sustainable cities and society, 13: 1 – 11.

PANDEY V, PANDEY P K, 2010. Spatial and temporal variability of soil moisture [J]. International journal of geosciences, 1 (1): 87 – 98.

PRESTON B L, YUEN E J, WESTAWAY R M, 2011. Putting vulnerability to climate change on the map: a review of approaches, benefits, and risks [J]. Sustainability science, 6 (2): 177 – 202.

RIJISBERMAN M, van de VEN F H M, 2000. Different approaches to assessment of design and management of

sustainable urban water system [J]. Environment impact assessment review, 20 (3): 333 – 345.

SALVATI L, TOMBOLINI I, PERINI L, et al, 2013. Landscape changes and environmental quality: the evolution of land vulnerability and potential resilience to degradation in Italy [J]. Regional environmental change, 13 (6): 1223 – 1233.

SETEGN S G, SRINIVASAN R, DARGAHI B, et al, 2009. Spatial delineation of soil erosion vulnerability in the Lake Tana Basin, Ethiopia [J]. Hydrological processes, 23 (26): 3738 – 3750.

SUN G F, ZHU Y, YE M, et al, 2019. Development and application of long – term root zone salt balance model for predicting soil salinity in arid shallow water table area [J]. Agricultural water management, 213: 486 – 498.

TEJEDOR M, JIMENEZ C, DIAZ F, 2007. Rehabilitation of saline soils by means of volcanic material coverings [J]. Europe an journal of soil science, 58 (2): 490 – 495.

TRAN L T, KNIGHT C G, O'Neill R V, et al, 2002. Fuzzy decision analysis for integrated environmental vulnerability assessment of the Mid – Atlantic region [J]. Environmental management, 29 (6): 845 – 859.

TULLOCH A I T, MCDONALD J, COSIER P, et al, 2018. Using ideal distributions of the time since habitat was disturbed to build metrics for evaluating landscape condition [J]. Ecological applications: a publication of the ecological society of America, 28 (3): 709 – 720.

VOGELER I, CICHOTA R, BEAUTRAIS J, 2016. Linking land use capability classes and APSIM to estimate pasture growth for regional land use planning [J]. Soil research, 54 (1): 94.

WANG J Q, PENG L, ZHANG H Y, 2014. Method of multi – criteria group decision – making based on cloud aggregation operators with linguistic information [J]. Information ences, 274: 177 – 191.

WILLIAMS M R, YATES C J, SAUNDERS D A, et al, 2017. Combined demographic and resource models quantify the effects of potential land – use change on the endangered Carnaby's cockatoo (Calyptorhynchus latirostris) [J]. Biological conservation, 210: 8 – 15.

WINTER T C, 1978. Numerical simulation of steady state three – dimensional groundwater flow near lakes [J]. Water resources research, 14 (2): 245 – 254.

XU C D, TIAN J J, WANG G X, et al, 2019. Dynamic simulation of soil salt transport in arid irrigation areas under the HYDRUS – 2D – based rotation irrigation mode [J]. Water resources management, 33 (10): 3499 – 3512.

YANG G F, CHEN Z H, 2015. RS – based fuzzy multi – attribute assessment of eco – environmental vulnerability in the source area of the Lishui River of northwest Hunan Province, China [J]. Natural hazards, 78 (2): 1145 – 1161.

YANG J F, LEI K, KHU S, et al, 2015. Assessment of water resources carrying capacity for sustainable development based on a system dynamics model: a case study of Tieling City, China [J]. Water resources management, 29 (3): 885 – 899.

YANG Y J, REN X F, ZHANG S L, et al, 2017. Incorporating ecological vulnerability assessment into rehabilitation planning for a post – mining area [J]. Environmental earth sciences, 76: 1 – 16.

ZHANG J P, FENG D, ZHENG C L, et al, 2014. Effects of saline water irrigation on soil water – heat – salt variation and cotton yield and quality [J]. Transactions of the Chinese society for agricultural machinery, 45 (9): 161 – 167.